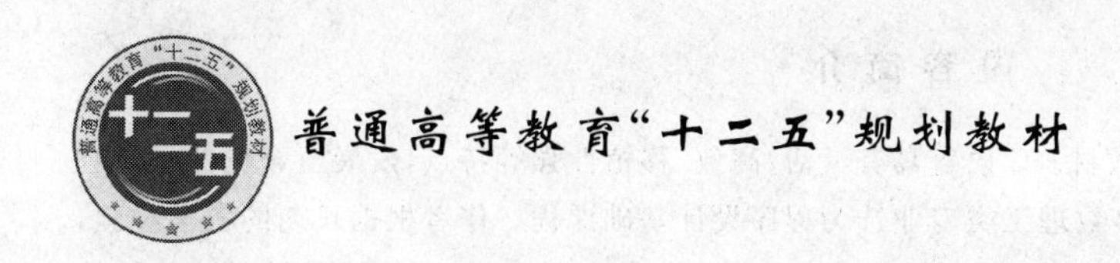

C语言程序设计

主　编　吴　伶　傅自钢
副主编　肖　毅　何　轶
主　审　沈　岳

北京邮电大学出版社
www.buptpress.com

内 容 简 介

本书为普通高等教育"十二五"规划教材。C语言具有灵活、高效、移植性强等特点，发展至今仍然保持着强大的生命力。"C语言程序设计"被大多数理工类专业选为程序设计基础课程。作者根据长期的教学经验，悉心编排教材结构，精选教学案例，强调实践与应用，重点讲解程序设计的思想和方法，力求培养学生的计算思维和程序设计能力，同时也培养学生的独立思考能力，注重启发学生用计算思维的方法解决实际问题的思路。教材把握学习程序设计的规律和特点，注重实例教学，从实例中总结出一般规律，运用通俗易懂的文字，由浅入深、由易到难、循序渐进，力求把抽象的概念形象化，把复杂的算法简单化，让学生更加易学易懂。

本书可以作为高等院校理工类学生的教学用书，也可作为全国计算机等级考试二级C语言的培训或自学教材。

图书在版编目(CIP)数据

C语言程序设计 / 吴伶，傅自钢主编. -- 北京：北京邮电大学出版社，2015.2(2019.1 重印)

ISBN 978-7-5635-4247-5

Ⅰ. ①C… Ⅱ. ①吴…②傅… Ⅲ. ①C语言—程序设计 Ⅳ. ①TP312

中国版本图书馆 CIP 数据核字(2014)第 293809 号

书　　　名：C语言程序设计
著作责任者：吴　伶　傅自钢　主编
责 任 编 辑：张珊珊
出 版 发 行：北京邮电大学出版社
社　　　址：北京市海淀区西土城路 10 号(邮编：100876)
发　行　部：电话：010-62282185　传真：010-62283578
E-mail：publish@bupt.edu.cn
经　　　销：各地新华书店
印　　　刷：北京鑫丰华彩印有限公司
开　　　本：787 mm×1 092 mm　1/16
印　　　张：15.5
字　　　数：389 千字
版　　　次：2015 年 2 月第 1 版　2019 年 1 月第 3 次印刷

ISBN 978-7-5635-4247-5　　定　价：34.00 元

前　言

本书围绕高等院校理工类专业计算机课程的教学实际设计教学思路，以改革计算机教学、适应新的社会需求为出发点，以教育部高等学校计算机基础教学指导委员会制定的《程序设计语言课程大纲》为主线，以培养学生应用计算思维的方法分析问题和解决问题的能力为目标，根据全国高等院校计算机基础教育研究会提出的《中国高等院校计算机基础教育课程体系2014》报告的要求进行编写。

全书共分8章，内容包括：C语言概述，数据类型，运算符与表达式，算法基础，程序的控制结构，函数，数组，指针，结构体、共用体与枚举类型，文件操作等。

本书注重教材的可读性和可用性，每章开头有引言和内容关键词，指导读者阅读；每章结尾安排本章小结，帮助读者整理思路，形成清晰的逻辑体系和主线；典型例题一题多解，由浅入深，强化知识点、算法、编程方法与技巧；很多例题后面给出了思考题，以帮助读者了解什么是对的，什么是容易出错的。本书还将程序测试、程序调试与排错、软件的健壮性和代码风格、结构化与模块化程序设计方法等软件工程知识融入其中；习题以巩固基本知识点为目的，题型丰富，包括简答题、选择题、程序改错、程序填空和编程题等。很多是全国计算机等级考试二级考试的常见题型。

为了便于教师组织教学和读者自主学习，本教材除了在每章后配有不同类型的习题外，另配有辅导教材《C语言程序设计实验教程》，其中包括上机指导、实验内容、习题选解及参考答案、考试大纲等。还有专门的辅助教学网站 www. 5ic. net. cn，供读者在网上自主学习和为教师提供贯穿教学全过程的帮助。

参加本书编写的作者都是长期在一线从事计算机教育的高校教师，具有丰富的教学经验。本书适合作为普通高等学校理工类专业学生的程序设计课程教材，也可作为全国计算机等级二级C语言的培训或自学教材。

本书由吴伶、傅自钢担任主编，肖毅、何轶担任副主编。研究生李志文，余水香同学作了部分习题的解答。全书由吴伶教授统稿。

沈岳教授审定了全书，并提出了许多宝贵意见，在此表示衷心感谢！

借此机会对所有关心、帮助和支持本书出版的领导、学者和各位朋友表示感谢！限于作者水平，书中难免有不足之处。为便于以后教材的修订，恳请专家、教师及读者批评指正。

编　者

前言

编者

目 录

第1章 C语言概述

C 语言是目前国际上较流行的高级程序设计语言，其语言简洁、使用方便、功能强大，深受编程技术人员的青睐。本章主要介绍 C 语言的基本知识、C 语言的发展及特点。本章通过两个简单的实例使读者掌握 C 语言的程序结构和书写规则，通过运行一个 C 程序使读者能尽快熟悉 Turbo C 集成环境。

【本章重点和学习目标】

1. 掌握程序的构成、main 函数和其他函数。
2. 掌握头文件、数据说明、函数的开始和结束标志以及程序中的注释。
3. 掌握源程序的书写格式以及基本的编程环境。
4. 了解 C 语言的风格。

1.1 计算机程序设计语言的发展

计算机系统包括硬件系统和软件系统两大部分，硬件是计算机运行的基础，而软件是计算机的灵魂，用来管理计算机的运行。所有软件的程序代码都是计算机语言编写的。进行软件开发、编写计算机程序所用的计算机语言称为“程序设计语言”。程序设计语言的发展经历了机器语言、汇编语言到高级语言的发展历程。下面简单介绍各种程序设计语言的特点。

1. 机器语言

计算机可以直接识别和直接处理的是二进制数，而不能识别人的自然语言。最早的计算机语言是二进制码形式的，称为机器语言。指令是计算机能够直接识别与执行的命令，它在计算机内部以二进制码表示，例如：某种型号的计算机用 10000000 表示加法指令，用 10010000 表示减法指令。一台计算机的全部指令的二进制码，构成了这台计算机的机器语言。用机器语言编写的程序占用的存储单元较少，执行速度也较快，计算机唯一能直接识别和执行的程序设计语言就是机器语言。

机器语言是依赖于计算机硬件的，不同型号的计算机有着各自不同的机器语言，所以用机器语言编写的程序通用性和可移植性很差。机器语言与人类自然语言相差太大，理解和记忆都有困难，所以现在已经很少有人用机器语言来编写程序了。

2. 汇编语言

针对机器语言的缺陷，人们对机器语言进行了改进，用简短的英文单词或其缩写作为“助记符”，来替代一串串冗长难记的机器代码。例如：输入操作用“IN”，输出操作用“OUT”，加法操作用“ADD”，减法操作用“SUB”，停止操作用“END”等。这种用助记符构成的计算机程序设计语言，称为汇编语言。使用汇编语言编写的程序在计算机上不能直接运行，需要通过一个专门的程序将其翻译成机器语言，这个翻译程序称为汇编程序。

例如在80C51系统中计算100＋30－50，指令如下：

```
MOV A,＃100 ;100放到寄存器A中
ADD A,＃30  ;30加上A中原来的数，结果放在A中
SUBB A,＃50 ;A中的数减去50，结果放在A中
```

汇编语言比机器语言容易理解，能充分发挥计算机硬件的功能和特点，程序精炼、高效、节省内存空间、运行速度快，至今还经常使用。汇编语言程序同样依赖于计算机硬件，可移植性不好，且助记忆符多，难以记忆。

3. 高级语言

随着计算机应用的日益普及，越来越多的人希望能学会编写程序，这时需要一种接近人类自然语言且能通用于各种计算机的语言，计算机高级语言由此应运而生。高级语言接近人的自然语言和数学语言，用高级语言编写的程序易读、易记、易修改。

用高级语言编写程序，编程者只要将数据赋给变量，由高级语言翻译系统将变量的值存放到相应的内存单元，这样编程者就无须了解变量分配使用内存储器的具体情况。因此，不仅对编程者的专业要求降低了，而且编写的程序在不同型号的计算机上能够方便地被移植使用。

在微型计算机上，比较常见的高级语言有：适合初学者入门的BASIC语言；适合科学计算的FORTRAN语言；用于儿童趣味作图的LOGO语言；用于商业数据处理的COBOL语言；适宜进行结构化设计思想教学的PASCAL语言；广泛用于软件、数据库技术等领域的C语言；人工智能化的PROLOG语言等。

高级语言编写的程序称为“源程序”。同汇编程序一样，高级语言源程序是不能在计算机上直接运行的，必须将其翻译成二进制程序后才能执行。翻译过程有两种方式：一种是翻译一句执行一句，称为“解释执行”方式，完成翻译工作的程序称为“解释程序”；另一种是全都翻译成二进制程序后再执行，承担翻译工作的程序称为“编译程序”，编译后的二进制程序称为“目标程序”。两种方式工作示意图如图1.1所示。

近年来，随着图形用户界面、面向对象程序设计方法以及可视化软件开发工具的兴起，软件开发者的编程工作量将大为减少，而最终用户也越来越不需要有编程要求。

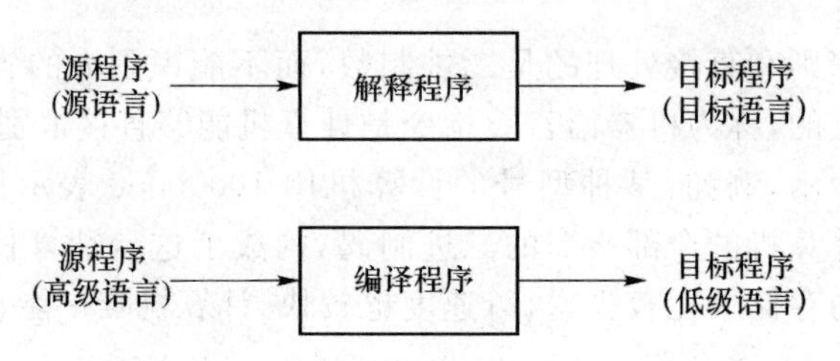

图1.1 解释和编译两种翻译方式示意图

1.2 C语言的发展及特点

1.2.1 C语言的发展

C语言的前身是ALGOL语言。1960年ALGOL60版本推出后，很受程序设计人员的欢迎。用ALGOL60来描述算法很方便，但是不能操作计算机硬件，不宜用来编写系统程序。

1963 年英国剑桥大学在 ALGOL 语言基础上增添了处理硬件的能力,并命名为"CPL(复合程序设计语言)"。CPL 由于规模大,学习和掌握困难,因而没有流行开来。

1967 年剑桥大学的马丁・理查德对 CPL 语言进行了简化,推出"BCPL(基本复合程序设计语言)"语言。

1970 年美国贝尔实验室的肯・汤普逊对 BCPL 进行了进一步的简化,突出了硬件处理能力,并取了"BCPL"的第一个字母"B"作为新语言的名称。同时用 B 语言编写了 UNIX 操作系统程序。

1972 年贝尔实验室的布朗・W. 卡尼汉和丹尼斯・ M. 利奇对 B 语言进行了完善和扩充,在保留 B 语言强大的硬件处理能力的基础上,扩充了数据类型,恢复了通用性,并取了"BC-PL"的第二个字母作为新语言的名称。此后,两人合作重写了 UNIX 操作系统。C 语言伴随着 UNIX 操作系统成为一种很受欢迎的计算机语言。

1978 年,为了让 C 语言脱离 UNIX 操作系统,成为在任何计算机上都能运行的通用计算机语言,卡尼汉和利奇(K&R)撰写了《C 程序设计语言》一书,对 C 语言的语法进行了规范化的描述,成为当时的标准。

随着微型机的普及,出现了不同的 C 语言版本,为了统一标准,美国标准化协会(ANSI)于 1987 年制定了 C 语言的标准,称为"ANSI C"。通常将 K&R 的标准称为旧标准,将"ANSI C"称为新标准。

目前在微型机上使用的 C 编译程序有:Turbo C、Microsoft C、Quick C。本书将以"ANSI C"为标准,以"Turbo C 2.0"为编译程序介绍 C 语言的内容、程序设计和调试方法。

1.2.2　C 语言的特点

C 语言发展如此迅速,而且成为最受欢迎的语言之一,主要因为它具有强大的功能。许多著名的系统软件,如 DBASE PLUS、DBASE 都是由 C 语言编写的。用 C 语言加上一些汇编语言子程序,就更能显示 C 语言的优势了,如 PC-DOS、WORDSTAR 等就是用这种方法编写的。C 语言具有下列特点。

1. C 语言集中了低级语言和高级语言的优点

C 语言把高级语言的基本结构和语句与低级语言的实用性结合起来。C 语言可以像汇编语言一样对位、字节和地址进行操作,又能像高级语言那样面向用户,容易记忆,便于阅读和书写。

2. C 语言是结构式语言

结构式语言的显著特点是代码及数据的分隔化,即程序的各个部分除了必要的信息交流外彼此独立。这种结构化方式可使程序层次清晰,便于使用、维护以及调试。C 语言是以函数形式提供给用户的,这些函数可方便地调用,并具有多种循环、条件语句控制程序流向,从而使程序完全结构化。

3. C 语言功能齐全

C 语言简洁、紧凑,使用方便灵活,运算符丰富,具有各种数据类型,并引入了指针概念,可使程序效率更高。另外 C 语言也具有强大的图形功能,支持多种显示器和驱动器。而且计算功能、逻辑判断功能也比较强大,可以实现决策目的。

4. C语言适用范围广阔

C语言适合于多种操作系统,如DOS、UNIX,同时也适用于多种机型。

1.3 C程序的基本结构和组成

1.3.1 C程序的基本结构

C程序的基本结构是函数,一个C程序是由一个或多个C函数组成的,C函数的实质是实现一个特定功能的程序段,一个C函数一般由若干条C语句组成。C语句是完成某种程序功能的最小单位。下面我们通过一些例子来分析和说明C语言程序的基本结构。

例1.1 输出一行文字。

```
main( )                                   /* 主函数 */
{
  printf("This is a C program.\n");       /* 输出函数调用 */
}
```

运行结果:

```
This is a C program.
```

本程序的作用是输出一行信息,其中main()表示"主函数",每一个C程序都必须有且只有一个主函数。函数体由花括号"{ }"括起来,printf()是输出函数。/*…*/表示注释部分,用于解释该程序或该语句的作用。注释对系统编译和运行不起任何作用,可以出现在程序的任何地方。

例1.2 计算两个整数之和。

```
#include "stdio.h"                 /* 命令行,指明本程序包含stdio.h头文件 */
main( )
{
  int a,b,s;                       /* 声明a,b,s三个整型变量 */
  a=2;b=3;                         /* 给a,b赋值 */
  s=a+b;                           /* 计算a+b的和,并赋给变量s */
  printf("a=%d,b=%d,s=%d\n",a,b,s);      /* 输出a,b及s值 */
}
```

运行结果:

```
a=2,b=3,s=5
```

本程序的作用是求两个整数a和b之和。其中,"a=%d,b=%d,s=%d \n"是输出的"格式控制字符串"。

例1.3 求两个数的最大值。

```
#include "stdio.h"
main( )
{
  int a,b,ma;                      /* 定义变量a和b */
```

```
    scanf("%d,%d",&a,&b);                /* 从键盘输入 a 和 b 的值 */
    /* 调用 max 函数,并将 a 和 b 的值对应传给 x 和 y,将得到的函数结果赋给 ma 变量 */
    ma = max(a,b);
    printf("max = %d\n",ma);             /* 输出 ma 的值 */
    }
    int max(int x,int y)                 /* 函数首部 */
    /* 定义 max 函数,函数值为 int 型,两个形式参数 x,y 均为 int 型 */
    {
      int m;                             /* 定义 max 函数中的变量 m */
      if(x>y) m = x;  /* 条件判断语句,如果 x>y 成立,则将 x 的值赋给变量 m */
      else m = y;                       /* 如果 x>y 不成立,则将 y 的值赋给变量 m */
      return m;                          /* 将 m 值从 max 函数带回到主函数 */
  }
```

运行结果:

8,5↙(输入 8 和 5 给 a 和 b)

max = 8

本程序包括两个函数:主函数 main()和被调用的函数 max()。max 函数的作用是将变量 x 和 y 中较大者的值赋给变量 m,然后由 return 语句将 m 的值返回给主调函数 main。返回值是通过函数名 max 带回到 main 函数的调用处。

1.3.2　C 程序的基本组成

1. C 程序是由函数构成的。

一个 C 程序有且只有一个主函数 main(),函数是 C 程序的基本单位。被调用的函数可以是系统提供的库函数〔例如 scanf()和 printf()〕,也可以是用户自己编写的函数,如例 1.3 中的 max()。

2. 一个函数由两部分组成,即函数的首部和函数体。

函数的首部,即函数的第一行。包括函数名、函数类型、参数(形参)名和参数类型等。如例 1.3 中的 max 函数的首部为:int max (int x,int y) 。

一个函数名后面必须跟一对圆括号,函数参数可以没有,如 main( ),但圆括号不能省。函数体,即函数首部下面的花括号"{ }"内的部分。如果一个函数内有多个花括号,则最外层的一对"{ }"为函数体的范围。

函数体一般包括以下两部分:声明部分和执行部分。

声明部分用于定义变量,如例 1.2 中 main 函数中的"int a,b,s;"语句。执行部分是由若干条语句组成的,用以实现该函数的功能。

3. 分号是 C 语句的组成部分。

4. 一个 C 程序总是从 main()开始,再由 main()结束。

5. C 程序中一行内可以写几个语句,一个语句也可以分写在多行上。

6. C 语言的输入和输出的操作是由 C 提供的库函数完成的。

7. 可以用/*…*/(注意/ 与 * 之间不能有空格)对 C 程序中的任何部分作注释。

1.4 C语言的基本标识符

标识符实际上是一个字符序列，用来标识变量名、符号名、函数名、数组名和文件名等。C语言允许用作标识符的字符有：

(1) 26个英文字母，包括大小写(共52个)；

(2) 数字0,1,2,…,9；

(3) 下划线_。

C语言的标识符有三类。

1. 关键字

关键字具有特定用途，不允许用户使用这些关键字作变量名、函数名等。由ANSI标准定义的关键字共32个。

(1) 数据类型关键字(12个)：char，double，enum，float，int，long，short，signed，struct，union，unsigned，void。

(2) 控制语句关键字(12个)：break，case，continue，default，do，else，for，goto，if，return，switch，while。

(3) 存储类型关键字(4个)：auto，extern，register，static。

(4) 其他关键字(4个)：const，sizeof，typedef，volatile。

2. 特定字

特定字具有特定的含义，一般用于预处理程序中，它们同关键字一样，不允许用作变量名、函数名等。特定字共7个：

#define　#endif　#ifdef　#ifndef　#include　#line　#undef

3. 一般标识符

通常用户是根据标识符的构成来定义标识符，作为变量名、函数名等。C语言标识符构造规则为：必须以字母或下划线开头，后面跟随字母、数字、下划线或它们的任意组合，长度一般不超过8个字符(较高版本可达到31个字符)，且不能和关键字重名。

说明：

(1) C语言区分字母的大小写，即大小写字母作为不同的字符。习惯上变量名用小写字母表示，以增加可读性。

(2) 用户定义标识符时，应当尽量遵循“简洁明了”和“见名知意”的原则。

下列标识符是合法的一般标识符：b，de_file，x5，xyz，small，c_language。

下列标识符是不合法的一般标识符：a/b，5a，key.board，x&y，I'right'，static。

最后一个标识符static是关键字，因此不能作一般标识符。

1.5 运行C语言程序的步骤

1.5.1 运行C语言程序的一般过程

运行一个C语言程序的一般过程如图1.2所示。

(1) 启动 TC,进入 TC 集成环境。

(2) 编辑。如果源程序存在语法错误,则修改源程序中的错误。

(3) 编译。如果编译成功,则可进行下一步操作,否则返回(2)修改源程序,再重新编译,直至编译成功。

(4) 连接。如果连接成功,则可进行下一步操作,否则,根据系统的下一步提示,进行相应修改,再重新连接,直至连接成功。

(5) 运行及查看结果。通过观察程序运行结果,验证程序的正确性。如果出现逻辑错误,则必须返回(2)修改源程序,再重新编译、连接和运行,直至程序正确。

(6) 运行结果若正确,便可退出 TC 集成环境,结束本次程序运行。

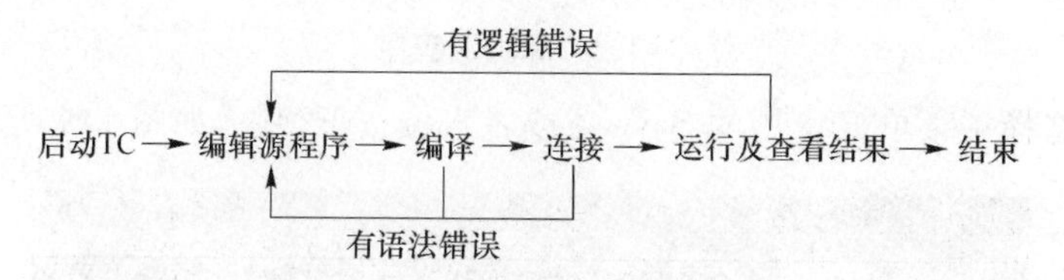

图 1.2　C 语言程序运行的一般过程

1.5.2　运行 C 语言程序的一个实例

在屏幕上输出"This is an example",可编辑、编译、连接及运行下面的程序:

```
main()
{
  printf("this is an example!");
}
```

进入 TC 环境,完成以下操作。

1. 编辑源程序

(1) 选择 File 菜单下的 New 命令,如图 1.3 所示。

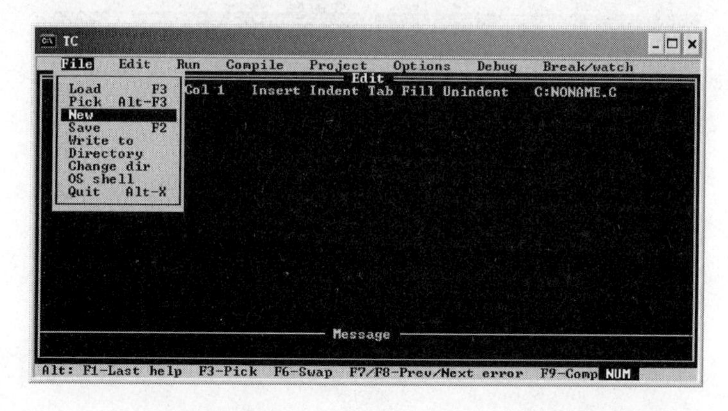

图 1.3　新建文件命令 New

(2) 在编辑窗口编辑源程序,如图 1.4 所示。

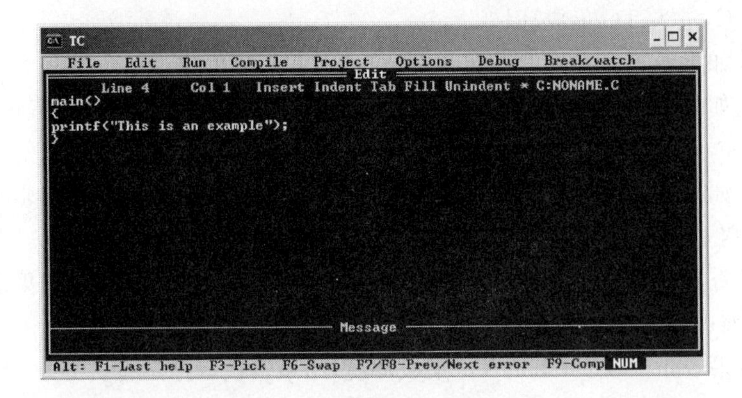

图 1.4 编辑源程序

(3) 存盘:选择主菜单 File 中的 Save 项或者直接按 F2 键，如图 1.5 所示。

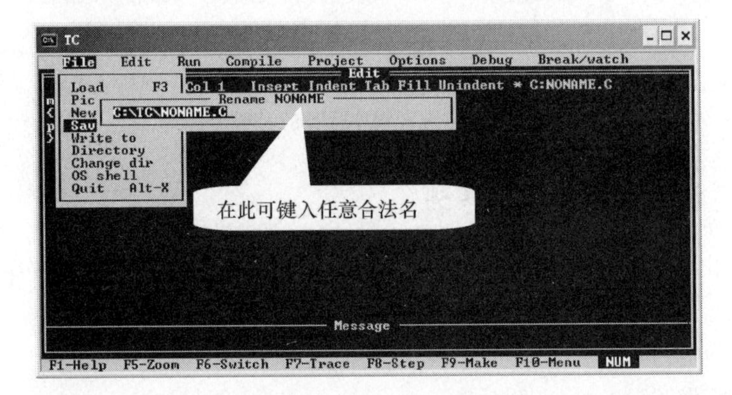

图 1.5 保存源程序文件命令 Save

2. 编译

选择 Compile 菜单的 Compile to OBJ 单独编译上述程序，如图 1.6 所示。

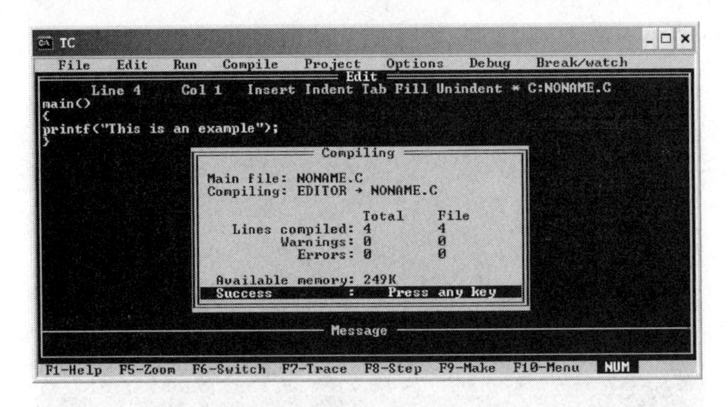

图 1.6 编译信息窗口

3. 连接

选择 Compile 子菜单中的"Link EXE file"项，如图 1.7 所示。

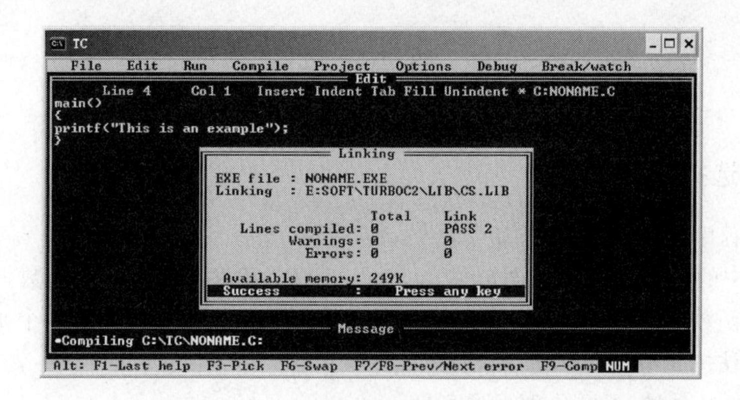

图 1.7 连接信息窗口

4. 运行程序

选择主菜单下的 Run\Run 子菜单运行程序，再选择 Run\User screen 子菜单查看运行结果，如图 1.8 所示。

图 1.8 运行结果界面

5. 退出 TC 集成环境

从 File 菜单选择 Quit 命令或按 Alt＋X 回到操作系统环境。

本 章 小 结

本章介绍的基本内容有：C 语言的发展、特点，C 语言的程序结构，Turbo C 的集成环境等。C 语言是功能强大的计算机高级语言，它既适合于作为系统描述语言，又适合于作为通用的程序设计语言。

一个完整的 C 程序包括：有且只有一个主函数 main( )；可以有若干个子函数，也可以没有子函数。这些子函数有用户自定义的函数，也有 C 编译系统提供的标准库函数。每个函数都由函数声明和函数体两部分组成，函数体必须用一对花括号括起来。

一个 C 源程序需要经过编辑、编译和连接后才可运行，对 C 源程序编译后生成目标文件(.obj)，对目标文件和库文件连接后生成可执行文件(.exe)。程序的运行是对可执行文件而言的，所以程序的开发需要语言处理系统的支持，选择一个功能强的语言处理系统可以使程序的开发工作事半功倍。

习 题 一

一、单项选择题

1. C 语言程序的执行，总是起始于（　　）。

(A) 程序中的第一条可执行语句　　(B) 程序中的第一个函数

(C) main 函数　　(D) 包含文件中的第一个函数

2. 下列说法中正确的是（　　）。

(A) C 程序书写时，不区分大小写字母

(B) C 程序书写时，一行只能写一个语句

(C) C 程序书写时，一个语句可分成几行书写

(D) C 程序书写时每行必须有行号

3. 下面对 C 语言特点，不正确描述的是（　　）。

(A) C 语言兼有高级语言和低级语言的双重特点，执行效率高

(B) C 语言既可以用来编写应用程序，又可以用来编写系统软件

(C) C 语言的可移植性较差

(D) C 语言是一种结构式模块化程序设计语言

4. C 语言源程序的最小单位是（　　）。

(A) 程序行　　(B) 语句　　(C) 函数　　(D) 字符

5. 以下四项中属于 C 语言关键字的是（　　）。

(A) CHAR　　(B) define　　(C) unsigned　　(D) return

6. 一个字长的二进制位数是（　　）。

(A) 2 个 BYTE，即 16 个 bit　　(B) 3 个 BYTE，即 24 个 bit

(C) 4 个 BYTE，即 32 个 bit　　(D) 随计算机系统不同而不同

7. 在 C 语言系统中，假设 int 类型数据占 2 个字节，则 double、long、unsigned int、char 类型数据所占字节数分别为（　　）。

(A) 8,2,4,1　　(B) 2,8,4,1　　(C) 4,2,8,1　　(D) 8,4,2,1

8. C 语言中，主函数的个数是（　　）个。

(A) 2 个　　(B) 1 个　　(C) 任意个　　(D) 10 个

9. 下列关于 C 语言注释的叙述中错误的是（　　）。

(A) 以"/ * "开头并以" * /"结尾的字符串为 C 语言的注释符

(B) 注释可以出现在任何位置，用以提示和注释程序的意义

(C) 程序编译时，不对注释作任何处理

(D) 程序编译时，需要对注释进行处理

10. C 语言程序是由（　　）组成。

(A) 子程序　　(B) 主程序和子程序

(C) 函数　　(D) 过程

二、程序题

1. 请参照本章例题，编写一个 C 程序，输出以下信息：

****

Very Good!

****

2. 编写一个程序，输入 a、b、c 三个值，输出其中最大者。

第2章 数据类型与表达式

在C语言中,变量和常量是程序处理的两种基本数据。运算符指定将要进行的操作。表达式则把变量与常量组合起来生成新的值。数据的类型决定该数据可取值的范围以及可以对该数据进行的操作。本章将详细讲述这些内容。

2.1 C语言数据类型简介

数据类型的划分是按被定义变量的性质、表示形式、占据存储空间的多少、构造特点来划分的。在C语言中,数据类型可分为基本数据类型、构造数据类型、指针类型、空类型四大类。

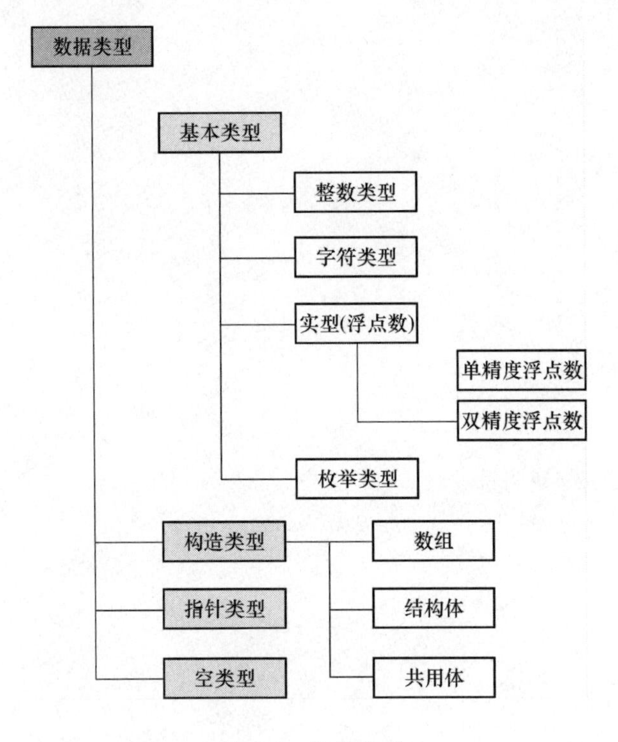

图2.1 数据类型

数据类型说明如表2-1所示。

表 2-1　数据类型说明

数据类型	说　明
基本数据类型	基本数据类型最主要的特点是，其值不可以再分解为其他类型。也就是说，基本数据类型是自我说明的
构造数据类型	构造数据类型是根据已定义的一个或多个数据类型用构造的方法来定义的。也就是说，一个构造类型的值可以分解成若干个“成员”或“元素”。每个“成员”都是一个基本数据类型或又是一个构造类型。在 C 语言中，构造类型有以下几种：数组类型、结构体类型、共用体（联合）类型
指针类型	指针是一种特殊的、同时又是具有重要作用的数据类型。其值用来表示某个变量在内存储器中的地址。虽然指针变量的取值类似于整型量，但这是两个类型完全不同的量，因此不能混为一谈
空类型	在调用函数值时，通常应向调用者返回一个函数值。这个返回的函数值是具有一定的数据类型的，应在函数定义及函数说明中给以说明，例如在例题中给出的 max 函数定义中，函数头为： int max(int a,int b)； 其中“int ”类型说明符即表示该函数的返回值为整型量。又如在例题中，使用了库函数 sin，由于系统规定其函数返回值为双精度浮点型，因此在赋值语句 s＝sin (x)；中，s 也必须是双精度浮点型，以便与 sin 函数的返回值一致。所以在说明部分，把 s 说明为双精度浮点型。但是，也有一类函数，调用后并不需要向调用者返回函数值，这种函数可以定义为“空类型”。其类型说明符为 void。在后面函数中还要详细介绍

在本章中，我们先介绍基本数据类型中的整型、浮点型和字符型。其余类型在以后各章中陆续介绍。

2.2　常量和变量

对于基本数据类型量，按其取值是否可改变又分为常量和变量两种。

在程序执行过程中，其值不发生改变的量称为常量，其值可变的量称为变量。它们可与数据类型结合起来分类。例如，可分为整型常量、整型变量、浮点常量、浮点变量、字符常量、字符变量、枚举常量、枚举变量。

在程序中，常量是可以不经说明而直接引用的，而变量则必须先定义后使用。

1. 常量和符号常量

在程序执行过程中，其值不发生改变的量称为常量。如表 2-2 所示为常量分类表。

表 2-2　常量分类表

常量	说　明
直接常量 （字面常量）	整型常量：12、0、－3 实型常量：4.6、－1.23 字符常量：‘a’、‘b’
标识符	用来标识变量名、符号常量名、函数名、数组名、类型名、文件名的有效字符序列
符号常量	用标识符代表一个常量。在 C 语言中，可以用一个标识符来表示一个常量，称之为符号常量

说明：符号常量在使用之前必须先定义，其一般形式为：

＃define 标识符 常量

其中，# define 也是一条预处理命令(预处理命令都以"#"开头)，称为宏定义命令(在后面预处理程序中将进一步介绍)，其功能是把该标识符定义为其后的常量值。一经定义，以后在程序中所有出现该标识符的地方均代之以该常量值。

习惯上符号常量的标识符用大写字母，变量标识符用小写字母，以示区别。

例 2.1 符号常量的使用。

```
#define PRICE 30
main(){
  int num,total;
  num = 10;
  total = num * PRICE;
  printf("total = %d",total);
}
```

几点说明：

- 用标识符代表一个常量，称为符号常量；
- 符号常量与变量不同，它的值在其作用域内不能改变，也不能再被赋值；
- 使用符号常量的好处是：含义清楚；能做到"一改全改"。

2. 变量

其值可以改变的量称为变量。一个变量应该有一个名字，在内存中占据一定的存储单元。变量定义必须放在变量使用之前。一般放在函数体的开头部分。要区分变量名和变量值是两个不同的概念。如图 2.2 所示。

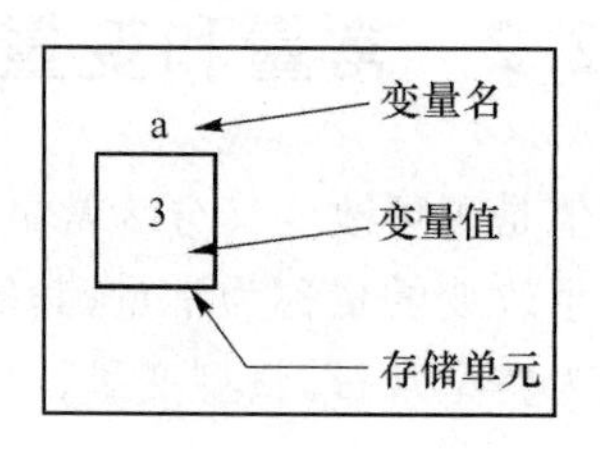

图 2.2 变量内存分配

变量定义举例：

```
int num,total;
double price = 123.123;
char a = 'a', abc;
```

2.3 整数类型

整型量包括整型常量和整型变量。

1. 整型常量的表示方法

整型常量就是整常数。在 C 语言中，使用的整常数有八进制、十六进制和十进制三种。

(1) 十进制整常数

十进制整常数没有前缀。其数码为 0～9。

以下各数是合法的十进制整常数：237、－568、65535、1627。

以下各数不是合法的十进制整常数：023（不能有前导0）、23D（含有非十进制数码）。

在程序中是根据前缀来区分各种进制数的。因此在书写常数时不要把前缀弄错。

(2) 八进制整常数

八进制整常数必须以0开头，即以0作为八进制数的前缀。数码取值为0～7。八进制数通常是无符号数。

以下各数是合法的八进制数：015(十进制为13)、0101(十进制为65)、0177777(十进制为65535)。

以下各数不是合法的八进制数：256(无前缀0)、03A2(包含了非八进制数码)、－0127(出现了负号)。

(3) 十六进制整常数

十六进制整常数的前缀为0X或0x。其数码取值为0～9、A～F或a～f。

以下各数是合法的十六进制整常数：0X2A(十进制为42)、0XA0(十进制为160)、0XFFFF(十进制为65535)。以下各数不是合法的十六进制整常数：5A(无前缀0X)、0X3H(含有非十六进制数码)。

(4) 整常数的后缀

在16位字长的机器上，基本整型的长度也为16位，因此表示的数的范围也是有限定的。十进制无符号整常数的范围为0～65535，有符号数为－32768～＋32767。八进制无符号数的表示范围为0～0177777。十六进制无符号数的表示范围为0X0～0XFFFF或0x0～0xFFFF。如果使用的数超过了上述范围，就必须用长整型数来表示。长整型数是用后缀“L”或“l”来表示的。

例如：

十进制长整型常数：158L(十进制为158)、358000L(十进制为358000)。

八进制长整型常数：012L(十进制为10)、077L(十进制为63)、0200000L(十进制为65536)。

十六进制长型整常数：0X15L(十进制为21)、0XA5L(十进制为165)、0X10000L(十进制为65536)。

长整型常数158L和基本整型常数158在数值上并无区别。但对158L，因为是长整型量，C编译系统将为它分配4个字节存储空间。而对158，因为是基本整型，只分配2个字节的存储空间。因此在运算和输出格式上要予以注意，避免出错。

无符号数也可用后缀表示，整型常数的无符号数的后缀为“U”或“u”。例如：358u、0x38Au、235Lu均为无符号数。

前缀、后缀可同时使用以表示各种类型的数。如0XA5Lu表示十六进制无符号长整型常数A5，其十进制为165。

2. 整型变量

(1) 整型数据在内存中的存放形式

如果定义了一个整型变量i：

```
int i;
i = 10;
```

在 Turbo C 中 i 的原码为：

0	0	0	0	0	0	0	0	0	0	0	0	1	0	1	0

负数的数值是以补码表示的。

正数的补码和原码相同。

负数的补码为将该数的绝对值的二进制形式按位取反再加 1。

例如：求－10 的补码。

10 的原码为：

0	0	0	0	0	0	0	0	0	0	0	0	1	0	1	0

取反得：

1	1	1	1	1	1	1	1	1	1	1	1	0	1	0	1

再加 1，得－10 的补码：

1	1	1	1	1	1	1	1	1	1	1	1	0	1	1	0

由此可知，左面的第一位是表示符号的。

(2) 整型变量的分类

基本型：类型说明符为 int，在内存中占 4 个字节。

短整型：类型说明符为 short int 或 short，在内存中占 2 字节。

长整型：类型说明符为 long int 或 long，在内存中占 4 个字节。

无符号型：类型说明符为 unsigned。

无符号型又可与上述三种类型匹配而构成如下三种类型。

无符号基本型：类型说明符为 unsigned int 或 unsigned。

无符号短整型：类型说明符为 unsigned short。

无符号长整型：类型说明符为 unsigned long。

双长整型：类型说明符为 long long int。

各种无符号类型量所占的内存空间字节数与相应的有符号类型量相同。但由于省去了符号位，故不能表示负数。

表 2-3 列出了 C 语言中各类整型量所分配的内存字节数及数的表示范围。

表 2-3　整型变量取值范围表

类型说明符	数的范围		字节数
int	－32 768～32 767	即－215～(215－1)	2(4)
unsigned int	0～65 535	即 0～(216－1)	2(4)
short int	－32 768～32 767	即－215～(215－1)	2
unsigned short int	0～65 535	即 0～(216－1)	2
long int	－2 147 483 648～2 147 483 647	即－231～(231－1)	4
unsigned long	0～4 294 967 295	即 0～(232－1)	4

13 的 int 型：

00	00	00	00	00	00	00	00	00	00	00	00	00	00	11	01

13 的 short int 型：

00	00	00	00	00	00	11	01

(3) 整型变量的定义

变量定义的一般形式为：

类型说明符　变量名标识符,变量名标识符,...;

例如：

```
int a,b,c;  /* a,b,c 为整型变量 */
long x,y;  /* x,y 为长整型变量 */
unsigned p,q;  /* p,q 为无符号整型变量 */
```

在书写变量定义时,应注意以下几点：

- 允许在一个类型说明符后,定义多个相同类型的变量。各变量名之间用逗号间隔。类型说明符与变量名之间至少用一个空格间隔。
- 最后一个变量名之后必须以";"号结尾。
- 变量定义必须放在变量使用之前。一般放在函数体的开头部分。

例 2.2　基本整型与无符号整型变量的定义与使用。

```
main(){
    int a,b,c,d;
    unsigned u;
    a = 12;b = -24;u = 10;
    c = a + u;d = b + u;
    printf("a + u = %d,b + u = %d\n",c,d);
}
```

(4) 整型数据的溢出

例 2.3　整型数据的溢出。

```
main(){
    short int a,b;
    a = 32767;
    b = a + 1;
    printf("%d, %d\n",a,b);
}
```

32767：

0	1	1	1	1	1	1	1	1	1	1	1	1	1	1	1

−32768：

1	0	0	0	0	0	0	0	0	0	0	0	0	0	0	0

例 2.4 长整型变量的使用。

```
main(){
    long x,y;
    int a,b,c,d;
    x = 5;
    y = 6;
    a = 7;
    b = 8;
    c = x + a;
    d = y + b;
    printf("c = x + a = %d,d = y + b = %d\n",c,d);
}
```

从程序中可以看到:x、y 是长整型变量,a、b 是基本整型变量。它们之间允许进行运算,运算结果为长整型。但 c、d 被定义为基本整型,因此最后结果为基本整型。本例说明,不同类型的量可以参与运算并相互赋值。其中的类型转换是由编译系统自动完成的。有关类型转换的规则将在以后介绍。

2.4 实数类型

实型也称为浮点型。实型常量也称为实数或者浮点数。在 C 语言中,实数只采用十进制。它有两种形式:十进制小数形式和十进制指数形式。

十进制小数形式:由数码 0～9 和小数点组成。例如 0.0、25.0、5.789、0.13、5.0、300.、−267.823 0等均为合法的实数。注意,必须有小数点。

十进制指数形式:由十进制数加阶码标志"e"或"E"以及阶码(只能为整数,可以带符号)组成。其一般形式为:

a E n(a 为十进制数,n 为十进制整数)

其值为 $a*10^n$。如:2.1E5 (等于 $2.1*10^5$)、3.7E−2 (等于 $3.7*10^{-2}$)、0.5E7 (等于 $0.5*10^7$)、−2.8E−2 (等于 $-2.8*10^{-2}$)。

以下不是合法的实数:345 (无小数点)、E7 (阶码标志 E 之前无数字)、−5 (无阶码标志)、53.−E3 (负号位置不对)、2.7E(无阶码)。

允许浮点数使用后缀。后缀为"f"或"F"即表示该数为浮点数。如 356f 和 356. 是等价的。

例 2.5 浮点数使用举例。

```
main(){
    printf("%f\n",356.);
    printf("%f\n",356);
    printf("%f\n",356f);
}
```

注意,第 4 行在 Dev C++中会报错。

1. 实型变量

(1) 实型数据在内存中的存放形式

实型数据一般占 4 个字节(32 位)内存空间,按指数形式存储。实数 3.141 59 在内存中的存放形式如下:

+	.314159	1
数符	小数部分	指数

说明:小数部分占的位(bit)数越多,数的有效数字越多,精度越高;指数部分占的位数越多,则能表示的数值范围越大。

(2) 实型变量的分类

实型变量分为:单精度(float 型)、双精度(double 型)和长双精度(long double 型)三类。

在 Turbo C 中单精度型占 4 个字节(32 位)内存空间,其数值范围为 3.4E－38～3.4E＋38,只能提供七位有效数字。双精度型占 8 个字节(64 位)内存空间,其数值范围为 1.7E－308～1.7E＋308,可提供 16 位有效数字。其取值范围如表 2-4 所示。

表 2-4　浮点数取值范围

类型说明符	比特数(字节数)	有效数字	数的范围
float	32(4)	6～7	10－37～1 038
double	64(8)	15～16	10－307～10 308
long double	128(16)	18～19	10－4931～104 932

实型变量定义的格式和书写规则与整型相同。例如:

```
float x,y; /* x,y 为单精度实型量 */
double a,b,c; /* a,b,c 为双精度实型量*/
float x,y;  /* x,y 为单精度实型量 */
double a,b,c;  /* a,b,c 为双精度实型量*/
```

(3) 实型数据的舍入误差

由于实型变量是由有限的存储单元组成的,因此能提供的有效数字总是有限的,如例 2.6 和例 2.7。

例 2.6　实型数据的舍入误差 1。

```
main(){
    float a,b;
    a = 123456.789e5;
    b = a + 20;
    printf(" % f\n",a);
    printf(" % f\n",b);
}
```

注意:1.0/3＊3 的结果并不等于 1。

例 2.7　实型数据的舍入误差 2。

```
main(){
```

```
    float a;
    double b;
    a = 33333.33333;
    b = 33333.333333333333333;
    printf("%f\n%f\n",a,b);
}
```

从本例可以看出：由于a是单精度浮点型，有效位数只有七位。而整数已占五位，故小数点后两位之后的均为无效数字。b是双精度型，有效位为十六位。但C规定小数点后最多保留六位，其余部分四舍五入。

2. 实型常数的类型

实型常数不分单、双精度，都按双精度double型处理。

2.5 字符类型

字符型数据包括字符常量和字符变量。

1. 字符常量

字符常量是用单引号括起来的一个字符。例如：

'a'、'b'、'='、'+'、'?'

都是合法字符常量。

在C语言中，字符常量有以下特点：

- 字符常量只能用单引号括起来，不能用双引号或其他括号。
- 字符常量只能是单个字符，不能是字符串。
- 字符可以是字符集中任意字符。但数字被定义为字符型之后就不能参与数值运算。如'5'和5是不同的。'5'是字符常量，不能参与运算。

2. 转义字符

转义字符是一种特殊的字符常量。转义字符以反斜线"\"开头，后跟一个或几个字符。转义字符具有特定的含义，不同于字符原有的意义，故称"转义"字符。例如，在前面各例题的printf函数的格式串中用到的"\n"就是一个转义字符，其意义是"回车换行"。转义字符主要用来表示那些用一般字符不便于表示的控制代码。

广义地讲，C语言字符集中的任何一个字符均可用转义字符来表示。表中的\ddd和\xhh正是为此而提出的。ddd和hh分别为八进制和十六进制的ASCII代码。如\101表示字母"A"，\102表示字母"B"，\134表示反斜线，\XOA表示换行等。常用的转义字符及其含义如表2-5所示。

例2.8 转义字符的使用。

```
main(){
    int a,b,c;
    a = 5; b = 6; c = 7;
    printf(" abc\tde\rf\n");
    printf("hijk\tL\bM\n");
}
```

表 2-5　转义字符表

转义字符	转义字符的意义	ASCII 代码
\n	回车换行	10
\t	横向跳到下一制表位置	9
\b	退格	8
\r	回车	13
\f	走纸换页	12
\\	反斜线符"\"	92
\′	单引号符	39
\″	双引号符	34
\a	鸣铃	7
\ddd	1～3 位八进制数所代表的字符	
\xhh	1～2 位十六进制数所代表的字符	

3. 字符变量

字符变量用来存储字符常量，即单个字符。字符变量的类型说明符是 char。字符变量的类型定义的格式和书写规则都与整型变量相同。例如：

```
char a,b;
```

每个字符变量被分配一个字节的内存空间，因此只能存放一个字符。字符值是以 ASCII 码的形式存放在变量的内存单元之中的。

如 x 的十进制 ASCII 码是 120，y 的十进制 ASCII 码是 121。对字符变量 a、b 赋予′x′和′y′值：

```
a = ′x′;
b = ′y′;
```

实际上是在 a、b 两个单元内存放 120 和 121 的二进制代码：

a：

0	1	1	1	1	0	0	0

b：

0	1	1	1	1	0	0	1

所以也可以把它们看成是整型量。C 语言允许对整型变量赋以字符值，也允许对字符变量赋以整型值。在输出时，允许把字符变量按整型量输出，也允许把整型量按字符量输出。

整型量为二字节量，字符量为单字节量，当整型量按字符型量处理时，只有低八位字节参与处理。

例 2.9　向字符变量赋以整数。

```
main(){
    char a,b;
```

```
    a = 120;
    b = 121;
    printf("%c,%c\n",a,b);
    printf("%d,%d\n",a,b);
}
```

本程序中定义 a、b 为字符型，但在赋值语句中赋以整型值。从结果看，a、b 值的输出形式取决于 printf 函数格式串中的格式符，当格式符为"c"时，对应输出的变量值为字符，当格式符为"d"时，对应输出的变量值为整数。

例 2.10 字符变量运算。

```
main(){
    char a,b;
    a = 'a';
    b = 'b';
    a = a - 32;
    b = b - 32;
    printf("%c,%c\n%d,%d\n",a,b,a,b);
}
```

本例中，a、b 被说明为字符变量并赋予字符值，C 语言允许字符变量参与数值运算，即用字符的 ASCII 码参与运算。由于大小写字母的 ASCII 码相差 32，因此运算后把小写字母换成大写字母，然后分别以整型和字符型输出。

4. 字符串常量

字符串常量是由一对双引号括起的字符序列。例如，"CHINA"、"C program"、"$12.5"等都是合法的字符串常量。字符串常量和字符常量是不同的量。它们之间主要有以下区别：

- 字符常量由单引号括起来，字符串常量由双引号括起来。
- 字符常量只能是单个字符，字符串常量则可以含一个或多个字符。
- 可以把一个字符常量赋给一个字符变量，但不能把一个字符串常量赋给一个字符变量。在 C 语言中没有相应的字符串变量，这是与 BASIC 语言的不同。但是可以用一个字符数组来存放一个字符串常量。将在数组一章内予以介绍。

字符常量占一个字节的内存空间。字符串常量占的内存字节数等于字符串中字节数加 1。增加的一个字节中存放字符"\0"（ASCII 码为 0）。这是字符串结束的标志。

例如，字符串"C program"在内存中所占的字节为：

C		p	r	o	g	r	a	m	\0

字符常量'a'和字符串常量"a"虽然都只有一个字符，但在内存中的情况是不同的。

'a'在内存中占一个字节，可表示为：

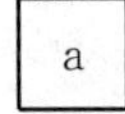

"a"在内存中占两个字节，可表示为：

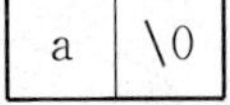

2.6 数据类型转换

变量的数据类型是可以转换的。转换的方法有两种:一种是自动转换,一种是强制转换。

1. 自动转换

自动转换发生在不同数据类型的量混合运算时,由编译系统自动完成。自动转换遵循以下规则。

- 若参与运算量的类型不同,则先转换成同一类型,然后进行运算。
- 转换按数据长度增加的方向进行,以保证精度不降低。如 int 型和 long 型运算时,先把 int 量转成 long 型后再进行运算。
- 所有的浮点运算都是以双精度进行的,即使仅含 float 单精度量运算的表达式,也要先转换成 double 型,再作运算。
- char 型和 short 型参与运算时,必须先转换成 int 型。
- 在赋值运算中,赋值号两边量的数据类型不同时,赋值号右边量的类型将转换为左边量的类型。如果右边量的数据类型长度比左边长时,将丢失一部分数据,这样会降低精度,丢失的部分按四舍五入向前舍入。

图 2.3 表示了变量类型自动转换的规则。

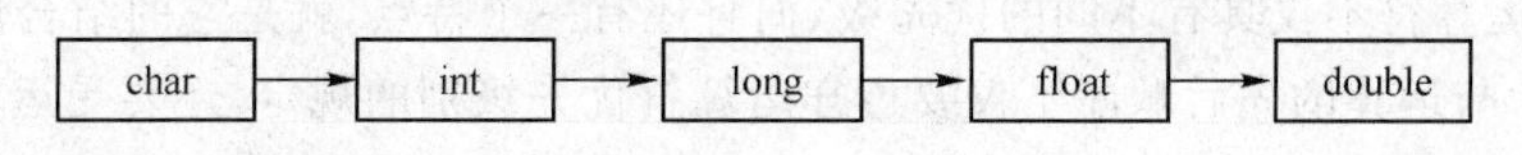

图 2.3 变量类型自动转换

例 2.11 变量类型自动转换。

```
main(){
    float PI = 3.14159;
    int s,r = 5;
    s = r * r * PI;
    printf("s = %d\n",s);
}
```

本例程序中,PI 为实型;s、r 为整型。在执行 s=r*r*PI 语句时,r 和 PI 都转换成 double 型计算,结果也为 double 型。但由于 s 为整型,故赋值结果仍为整型,舍去了小数部分。

2. 强制类型转换

强制类型转换是通过类型转换运算来实现的。其一般形式为:

(类型说明符) (表达式)

其功能是把表达式的运算结果强制转换成类型说明符所表示的类型。

例如:

```
(float)a;        /* 把 a 转换为实型 */
(int)(x+y);      /* 把 x+y 的结果转换为整型 */
(float) a;       /* 把 a 转换为实型 */
(int)(x+y);      /* 把 x+y 的结果转换为整型 */
```

在使用强制转换时应注意以下问题:

- 类型说明符和表达式都必须加括号(单个变量可以不加括号),如把(int)(x+y)写成(int)x+y则成了把x转换成int型之后再与y相加了。
- 无论是强制转换或是自动转换,都只是为了本次运算的需要而对变量的数据长度进行的临时性转换,而不改变数据说明时对该变量定义的类型。

例 2.12 强制类型转换。

```
main(){
    float f = 5.75;
    printf("(int)f = %d,f = %f\n",(int)f,f);
}
```

本例表明,f虽强制转为int型,但只在运算中起作用,是临时的,而f本身的类型并不改变。因此,(int)f的值为5(删去了小数)而f的值仍为5.75。

2.7 运算符与表达式

C语言中运算符和表达式数量之多,在高级语言中是少见的。正是丰富的运算符和表达式使C语言功能十分完善。这也是C语言的主要特点之一。

C语言的运算符不仅具有不同的优先级,而且还有一个特点,就是它的结合性。在表达式中,各运算量参与运算的先后顺序不仅要遵守运算符优先级别的规定,还要受运算符结合性的制约,以便确定是自左向右进行运算还是自右向左进行运算。这种结合性是其他高级语言的运算符所没有的,因此也增加了C语言的复杂性。

2.7.1 C语言运算符简介

C语言的运算符分类及说明如表2-6所示。

表 2-6 运算符说明

运算符	说 明
算术运算符	用于各类数值运算。包括加(+)、减(-)、乘(*)、除(/)、求余(或称模运算,%)、自增(++)、自减(--)共七种
关系运算符	用于比较运算。包括大于(>)、小于(<)、等于(==)、大于等于(>=)、小于等于(<=)和不等于(!=)六种
逻辑运算符	用于逻辑运算。包括与(&&)、或(||)、非(!)三种
位操作运算符	参与运算的量,按二进制位进行运算。包括位与(&)、位或(|)、位非(~)、位异或(^)、左移(<<)、右移(>>)六种
赋值运算符	用于赋值运算,分为简单赋值(=)、复合算术赋值(+=,-=,*=,/=,%=)和复合位运算赋值(&=,|=,^=,>>=,<<=)三类共十一种
条件运算符	这是一个三目运算符,用于条件求值(?:)
逗号运算符	用于把若干表达式组合成一个表达式(,)
指针运算符	用于取内容(*)和取地址(&)二种运算
求字节数运算符	用于计算数据类型所占的字节数(sizeof)
特殊运算符	有括号(),下标[],成员(->,.)等几种

2.7.2　算术运算符和算术表达式

(1) 基本的算术运算符

表 2-7　算术运算符说明

名称	符号	说　明
加法运算符	+	加法运算符为双目运算符，即应有两个量参与加法运算。如 a+b、4+8 等。具有右结合性
减法运算符	−	减法运算符为双目运算符。但“−”也可作负值运算符，此时为单目运算，如 −x、−5 等具有左结合性
乘法运算符	*	双目运算，具有左结合性
除法运算符	/	双目运算具有左结合性。参与运算量均为整型时，结果也为整型，舍去小数。如果运算量中有一个是实型，则结果为双精度实型
求余运算符（模运算符）	%	双目运算，具有左结合性。要求参与运算的量均为整型。求余运算的结果等于两数相除后的余数

例 2.13　算术运算 1。

```
main(){
    printf("\n\n%d,%d\n",20/7,-20/7);
    printf("%f,%f\n",20.0/7,-20.0/7);
}
```

本例中，20/7，−20/7 的结果均为整型，小数全部舍去。而 20.0/7 和 −20.0/7 由于有实数参与运算，因此结果也为实型。

例 2.14　算术运算 2。

```
main(){
    printf("%d\n",100%3);
}
```

本例输出 100 除以 3 所得的余数 1。

(2) 算术表达式和运算符的优先级和结合性

表达式是由常量、变量、函数和运算符组合起来的式子。一个表达式有一个值及其类型，它们等于计算表达式所得结果的值和类型。表达式求值按运算符的优先级和结合性规定的顺序进行。单个的常量、变量、函数可以看作表达式的特例。

算术表达式是由算术运算符和括号连接起来的式子。算术表达式使用方法如表 2-8 所示。

表 2-8　算术表达式、优先级、结合性

表达式/优先级/结合性	说　明
算术表达式	用算术运算符和括号将运算对象（也称操作数）连接起来的、符合 C 语法规则的式子。以下是算术表达式的例子： a+b (a*2)/c (x+r)*8−(a+b)/7 ++I sin(x)+sin(y) (++i)−(j++)+(k−−)

续表

表达式/优先级/结合性	说　明
运算符的优先级	C语言中,运算符的运算优先级共分为15级。1级最高,15级最低。在表达式中,优先级较高的先于优先级较低的进行运算。而在一个运算量两侧的运算符优先级相同时,则按运算符的结合性所规定的结合方向处理
运算符的结合性	C语言中各运算符的结合性分为两种,即左结合性(自左至右)和右结合性(自右至左)。例如算术运算符的结合性是自左至右,即先左后右。如有表达式x－y＋z则y应先与"－"号结合,执行x－y运算,然后再执行＋z的运算。这种自左至右的结合方向就称为"左结合性"。而自右至左的结合方向称为"右结合性"。最典型的右结合性运算符是赋值运算符。如x＝y＝z,由于"＝"的右结合性,应先执行y＝z再执行x＝(y＝z)运算。C语言运算符中有不少为右结合性,应注意区别,以避免理解错误

(3) 强制类型转换运算符

其一般形式为:(类型说明符)　(表达式)

其功能是把表达式的运算结果强制转换成类型说明符所表示的类型。例如:

```
(float)a;          /* 把a转换为实型 */
(int)(x+y);        /* 把x+y的结果转换为整型 */
(float) a;         /* 把a转换为实型 */
(int)(x+y);        /* 把x+y的结果转换为整型 */
```

(4) 自增、自减运算符

自增1、自减1运算符:自增1运算符记为"＋＋",其功能是使变量的值自增1;自减1运算符记为"－－",其功能是使变量值自减1。

自增1、自减1运算符均为单目运算,都具有右结合性。可有以下几种形式:

- ＋＋i:i自增1后再参与其他运算。
- －－i:i自减1后再参与其他运算。
- i＋＋:i参与运算后,i的值再自增1。
- i－－:i参与运算后,i的值再自减1。

在理解和使用上容易出错的是i＋＋和i－－。特别是当它们出在较复杂的表达式或语句中时,常常难于弄清,因此应仔细分析。

例 2.15　自增自减表达式应用1。

```
main(){
    int i=8;
    printf("%d\n",++i);
    printf("%d\n",--i);
    printf("%d\n",i++);
    printf("%d\n",i--);
    printf("%d\n",-i++);
    printf("%d\n",-i--);
}
```

i 的初值为 8,第 2 行 i 加 1 后输出故为 9;第 3 行减 1 后输出故为 8;第 4 行输出 i 为 8 之后再加 1(为 9);第 5 行输出 i 为 9 之后再减 1(为 8) ;第 6 行输出 －8 之后再加 1(为 9),第 7 行输出 －9 之后再减 1(为 8)。

例 2.16　自增自减表达式应用 2。

```
main(){
    int i = 5,j = 5,p,q;
    p = (i ++ ) + (i ++ ) + (i ++ );
    q = ( ++ j) + ( ++ j) + ( ++ j);
    printf(" % d, % d, % d, % d",p,q,i,j);
}
```

这个程序中,对 p＝(i＋＋)＋(i＋＋)＋(i＋＋)应理解为三个 i 相加,故 p 值为 15。然后 i 再自增 1 三次相当于加 3,故 i 的最后值为 8。而对于 q 的值则不然,q＝(＋＋j)＋(＋＋j)＋(＋＋j)应理解为 q 先自增 1,再参与运算,由于 q 自增 1 三次后值为 8,三个 8 相加的和为 24,j 的最后值仍为 8。

2.7.3　赋值运算符

简单赋值运算符和表达式:简单赋值运算符记为“＝”。由“＝ ”连接的式子称为赋值表达式。其一般形式为:

变量 = 表达式

例如:

```
x = a + b
w = sin(a) + sin(b)
y = i ++ + -- j
```

赋值表达式的功能是计算表达式的值再赋予左边的变量。赋值运算符具有右结合性。因此 a＝b＝c＝5 可理解为 a＝(b＝(c＝5))。

在其他高级语言中,赋值构成了一个语句,称为赋值语句。而在 C 中,把“＝”定义为运算符,从而组成赋值表达式。凡是表达式可以出现的地方均可出现赋值表达式。

例如:式子 x＝(a＝5)＋(b＝8)是合法的。它的意义是把 5 赋予 a,8 赋予 b,再把 a、b 相加,和赋予 x,故 x 应等于 13。

在 C 语言中也可以组成赋值语句,按照 C 语言规定,任何表达式在其末尾加上分号就构成语句。因此如 x＝8;和 a＝b＝c＝5;都是赋值语句,在前面各例中我们已大量使用过了。

1. 类型转换

如果赋值运算符两边的数据类型不相同,系统将自动进行类型转换,即把赋值号右边的类型换成左边的类型。具体规定如下:

实型赋予整型,舍去小数部分。前面的例子已经说明了这种情况。

整型赋予实型,数值不变,但将以浮点形式存放,即增加小数部分(小数部分的值为 0)。

字符型赋予整型,由于字符型为一个字节,而整型为二个字节,故将字符的 ASCII 码值放到整型量的低八位中,高八位为 0。整型赋予字符型,只把低八位赋予字符量。

例 2.17　不同类型变量赋值。

```
main(){
    int a,b = 322;
    float x,y = 8.88;
    char c1 = 'k',c2;
    a = y;
    x = b;
    a = c1;
    c2 = b;
    printf("%d,%f,%d,%c",a,x,a,c2);
}
```

本例表明了上述赋值运算中类型转换的规则。a 为整型，赋予实型量 y 值 8.88 后只取整数 8。x 为实型，赋予整型量 b 值 322，后增加了小数部分。字符型量 c1 赋予 a 变为整型，整型量 b 赋予 c2 后取其低八位成为字符型(b 的低八位为 01000010，即十进制 66，按 ASCII 码对应于字符 B)。

2. 复合的赋值运算符

在赋值符“=”之前加上其他二目运算符可构成复合赋值符。如+=、-=、*=、/=、%=、<<=、>>=、&=、^=、|=。

构成复合赋值表达式的一般形式为：

变量　双目运算符 = 表达式

它等效于

变量 = 变量 运算符 表达式

例如：

```
a+ =5   等价于  a=a+5
x* =y+7  等价于  x=x*(y+7)
r% =p  等价于  r=r%p
```

复合赋值符这种写法，对初学者可能不习惯，但十分有利于编译处理，能提高编译效率并产生质量较高的目标代码。

2.7.4 逗号运算符

在 C 语言中逗号“,”也是一种运算符，称为逗号运算符。其功能是把两个表达式连接起来组成一个表达式，称为逗号表达式。其一般形式为：

表达式 1，表达式 2

其求值过程是分别求两个表达式的值，并以表达式 2 的值作为整个逗号表达式的值。

例 2.18　逗号运算符应用。

```
main(){
    int a = 2,b = 4,c = 6,x,y;
    y = (x = a + b),(b + c);
    printf("y = %d,x = %d",y,x);
}
```

本例中,y 等于整个逗号表达式的值,也就是表达式 2 的值,x 是第一个表达式的值。对于逗号表达式还要说明三点。

① 逗号表达式一般形式中的表达式 1 和表达式 2 也可以又是逗号表达式。例如:

表达式 1,(表达式 2,表达式 3)

形成了嵌套情形。因此可以把逗号表达式扩展为以下形式:

表达式 1,表达式 2,…,表达式 n

整个逗号表达式的值等于表达式 n 的值。

② 程序中使用逗号表达式,通常是要分别求逗号表达式内各表达式的值,并不一定要求整个逗号表达式的值。

③ 并不是在所有出现逗号的地方都组成逗号表达式,如在变量说明中,函数参数表中逗号只是用作各变量之间的间隔符。

2.7.5　位运算符

C 语言提供了六种位运算符:

&	按位与
|	按位或
^	按位异或
~	取反
<<	左移
>>	右移

1. 按位与运算

按位与运算符"&"是双目运算符。其功能是参与运算的两数各对应的二进位相与。只有对应的两个二进位均为 1 时,结果位才为 1,否则为 0。参与运算的数以补码方式出现。

例如:9&5 可写算式如下:

```
00001001     (9 的二进制补码)
&00000101    (5 的二进制补码)
00000001     (1 的二进制补码)
```

可见 9&5=1。

按位与运算通常用来对某些位清 0 或保留某些位。例如把 a 的高八位清 0,保留低八位,可作 a&255 运算(255 的二进制数为 0000000011111111)。

例 2.19　位与运算。

```
main(){
    int a = 9, b = 5, c;
    c = a&b;
    printf("a = %d\nb = %d\nc = %d\n",a,b,c);
}
```

2. 按位或运算

按位或运算符"|"是双目运算符。其功能是参与运算的两数各对应的二进位相或。只要对应的两个二进位有一个为 1 时,结果位就为 1。参与运算的两个数均以补码出现。

例如:9|5 可写算式如下:

00001001

|00000101

00001101　　(十进制为13)

可见 9|5=13。

例 2.20　位或运算。

```
main(){
    int a=9,b=5,c;
    c=a|b;
    printf("a=%d\nb=%d\nc=%d\n",a,b,c);
}
```

3. 按位异或运算

按位异或运算符"^"是双目运算符,其功能是参与运算的两数各对应的二进位相异或,当两数对应的二进位相异时,结果为1。参与运算数仍以补码出现,例如 9^5 可写成如下算式:

00001001

^00000101

00001100　　(十进制为12)

例 2.21　位异或运算。

```
main(){
    int a=9;
    a=a^5;
    printf("a=%d\n",a);
}
```

4. 取反运算

取反运算符～为单目运算符,具有右结合性。其功能是对参与运算的数的各二进位按位取反。例如,～9 的运算为:

～(0000000000001001)

结果为:1111111111110110。

5. 左移运算

左移运算符"＜＜"是双目运算符。其功能是把"＜＜ "左边的运算数的各二进位全部左移若干位,由"＜＜"右边的数指定移动的位数,高位丢弃,低位补0。例如:a＜＜4 是指把 a 的各二进位向左移动4位。如 a=00000011(十进制3),左移4位后为 00110000(十进制48)。

6. 右移运算

右移运算符"＞＞"是双目运算符。其功能是把"＞＞"左边的运算数的各二进位全部右移若干位,"＞＞"右边的数指定移动的位数。例如:设 a=15,a＞＞2 表示把 000001111 右移为 00000011(十进制3)。

应该说明的是,对于有符号数,在右移时,符号位将随同移动。当为正数时,最高位补0,而为负数时,符号位为1,最高位是补0还是补1取决于编译系统的规定。Turbo C 和很多系统规定为补1。

例 2.22　位运算应用 1。

```
main(){
    unsigned a,b;
    printf("input a number:  ");
    scanf("%d",&a);
    b=a>>5;
    b=b&15;
    printf("a=%d\tb=%d\n",a,b);
}
```

例 2.23　位运算应用 2。

```
main(){
chara='a',b='b';
intp,c,d;
p=a;
p=(p<<8)|b;
d=p&0xff;
c=(p&0xff00)>>8;
printf("a=%d\nb=%d\nc=%d\nd=%d\n",a,b,c,d);
}
```

本 章 小 结

1. C 语言标识符的构成规则：

(1) 必须由字母或下划线开头；

(2) 后面可以跟任意的字母、数字或下划线；

(3) 大小写敏感。

2. C 语言的数据类型有：

(1) 基本数据类型：int float double char enum；

(2) 构造数据类型：数组、结构体、共用体、文件；

(3) 指针类型；

(4) 空类型：void。

3. 常量是在程序运行过程中值不能被改变的量(数据)，分为以下两类：

(1) 符号常量：#define　大写常量名　数值；

(2) 字面常量(按数据类型分类)：const int　常量名。

4. 变量是在程序运行过程中值可以被改变的量(数据)：是对内存中一块区域的按名存取及解析，需要先定义后使用。

5. 丰富的运算符：算术、关系、逻辑、位、赋值、条件、逗号。

6. 表达式：按特定的意义用运算符将数据连接起来，符合 C 语言的语法的式子。

7. 运算符的优先级：非算关与或条赋(优先级依次降低)。

8. 混合运算时的数据类型转换。

习题二

一、简答题

1. C 语言中数据类型的划分与其他高级语言的区别是什么？
2. C 语言中标识符的作用及其命名规则是什么？
3. 字符常量与字符串常量有什么区别？

二、选择题

1. 在 C 语言中，能正确表示 a≥10 或 a≤0 的关系表达式是(　　)。

(A) a>=10 or a<=0　　(B) a>=10 | a<=0

(C) a>=10 && a<=0　　(D) a>=10 || a<=0

2. 在 C 语言中，若 w=1, x=2 , y=3, z=4；则条件表达式：w>x ? w : y<z? y:z 的结果为(　　)。

(A) 4　　(B) 3　　(C) 2　　(D) 1

3. 在 C 语言中，设 a=1,b=2,c=3,d=4,则表达式：a<b? a:c<d? a:d 的结果为(　　)。

(A) 4　　(B) 3　　(C) 2　　(D) 1

4. 设 x=1, y=2，执行表达式 (x>y)? x++:++y 以后 x 和 y 的值分别为(　　)。

(A) 1 和 2　　(B) 1 和 3　　(C) 2 和 2　　(D) 2 和 3

5. 在 C 语言中，设有如下定义： int　a=1,b=2,c=3,d=4,m=2,n=2;
则执行表达式(m=a>b)&&(n=c>d)后，n 的值为(　　)。

(A) 1　　(B) 2　　(C) 3　　(D) 0

6. 在 C 语言中，已知：int a=15，　b=0；　则表达式 (a&b)&& b 的结果为 (　　)。

(A) 0　　(B) 1　　(C) true　　(D) false

7. 已知：int x=10, y=3 , z; 则语句“printf(“%d\n”, z=(x%y,x/y));”的输出结果是(　　)。

(A) 1　　(B) 0　　(C) 4　　(D) 3

8. 在 C 语言中，已知：int x=15, y=6 , z; 则语句“printf(“%d\n”, z=(x%y,x/y));”的输出结果是 (　　)。

(A) 1　　(B) 0　　(C) 2　　(D) 3

9. 在 C 语言中，以下程序的输出结果是(　　)。

```
main()
{int a = 10,b = 10;
printf(" %d %d\n", --a,b--);}
```

(A) 10 10　　(B) 9 10　　(C) 11 10　　(D) 11 12

10. 在 C 语言中，以下程序的输出结果是(　　)。

```
main()
```

```
{ int  a = 12,b = 12;
printf(" %d %d\n", --a, ++b);}
```

(A) 10 10　　(B) 12 12　　(C) 11 10　　(D) 11 13

11. 在 C 语言中,已知:int x=1 , y=-1 ;则语句“printf(“%d\n”,(x-- & ++y));”的输出结果是(　　)。

(A) 1　　(B) 0　　(C) -1　　(D) 2

12. 执行下面两个语句后,输出的结果为(　　)。

```
char c1 = 97, c2 = 98;
printf(" %d %c",c1,c2);
```

(A) 97　98　　(B) 97　b　　(C) a　98　　(D) a　b

13. 下列语句中符合 C 语言语法的赋值语句是(　　)。

(A) a=0x7bc=a7;　　(B) a=0x7b=a7;

(C) a=0x7b, b,a7;　　(D) a=0x7b,c=a7;

14. 假定所有变量均已正确说明,下列程序段运行后 x 的值是(　　)。

a=b=c=1;x=35;if(!a) x=3;else x=4;

(A) 34　　(B) 4　　(C) 35　　(D) 3

15. while(x)中的 x 与下面条件表达式等价的是(　　)。

(A) x==0　　(B) x==1　　(C) x!=1　　(D) x!=0

16. 已知 int x=15, y=6, z;,则下列语句的输出结果是(　　)。

printf("%d\n", z=(x%y,x/y));

(A) 1　　(B) 0　　(C) 2　　(D) 3

17. 在 TC 中,已知 unsigned int x=65536;,则执行以下语句后的 x 值为 (　　)。

printf("%d\n",x);

(A) -1　　(B) 1　　(C) 无定值　　(D) 0

第3章 语句与流程控制

在上一章中介绍了程序中用到的一些基本要素(常量、变量、运算符、表达式),它们是构成程序的基本要素。人们在利用计算机解决一个问题时,必须先将问题转化为用计算机语句描述的解题步骤,才能编写程序进行计算。在这一章中我们就将学习程序的执行步骤。

3.1 算法基础

一个程序应包括以下两方面内容:(1)对数据的描述,即在程序中要指定数据的类型和数据的组织形式;(2)对操作的描述,即操作步骤,也就是算法。

3.1.1 算法的定义

算法(Algorithm)是计算机解题的基本思想方法和步骤。算法的描述是对要解决一个问题或要完成一项任务所采取的方法和步骤的描述,包括需要什么数据(输入什么数据、输出什么结果)、采用什么结构、使用什么语句以及如何安排这些语句等。

算法是求解问题的步骤,它是指令的有限序列,其中每一条指令表示一个或多个操作。

计算机算法可分为两大类别:数值运算算法和非数值运算算法。数值运算的目的是求数值解,例如求方程的根、求一个函数的定积分等,都属于数值运算范围。非数值运算包括的面十分广泛,最常见的是用于事务管理领域,例如图书检索、人事管理、行车调度管理等。

算法具有下列 5 个特性。

1. 有穷性。一个算法必须对任何合法的输入在执行有穷步之后结束,且每一步都可在有限时间内完成。

2. 确定性。算法中每一条指令必须有确切的含义,不会产生二义性理解,并在任何条件下,算法只有唯一的一条执行路径。

3. 可行性。算法中描述的操作都可以通过已经实现的基本运算执行有限次来实现。

4. 输入。一个算法有零个或多个的输入,这些输入取自于某个特定的对象的集合。

5. 输出。一个算法有一个或多个的输出。

3.1.2 算法的描述方法

要描述一个算法,必须清晰地写出每一步应该干什么,通常使用自然语言、结构化流程图、伪代码等来描述算法。下面以“从 10 个数中求出最大数”为例介绍几种常用的描述方法。

1. 用伪代描述码

所谓伪代码,指的是一种介于自然语言和计算机语言之间的一种符号,它可以是英文单词或英文单词的缩写。用这种代码描述算法时,简单方便、清晰易懂,便于向程序转换。

算法如下:

```
① input x                  /* 输入一个数,并把该数存入 x 中 */
② max<=x                   /* 把 x 的值送入 max 中 */
③ n=0                      /* 设置一个计数器 n,并置初值为 0 */
④ if  n=9  goto ⑨          /* 如果 n 的值等于 9,则转入第⑨步执行 */
⑤ input x                  /* 输入一个数,并把该数存入 x 中 */
⑥ if max<x then max<=x     /* 如果 max 的值小于 x 的值,则把 x 的值送入 max 中 */
⑦ n=n+1                    /* 计数器 n 增加 1 */
⑧ goto ④                   /* 转向第④步执行 */
⑨ output  max              /* 输出 max 的值 */
```

由于本例是从 10 个数中选取最大数,就可以采取比较的方法进行筛选。为此,在第①步和第②步中首先输入了一个数,并把这个数存入一个用来保存最大数的变量中。

从第④步到第⑧步构成了一个重复执行的部分,为了控制重复的次数,并能在有限次内结束,在第③步特别设置了一个计数器 n,并赋初值为 0。

由于在第①步已输入了一个数据,所以再输入 9 个数即可。为此,只需让重复执行的部分执行 9 次,所以当 n=9 时,就应该跳出重复执行的部分,转向第⑨步。

第⑤步和第⑥步使得每输入的一个新数据和 max 比较,并让 max 总是保存已输入数据中的最大数。

第⑦步完成的是一个计数工作,每输入一个数,就让 n 增加 1。然后由第⑧步转向第④步执行,从而形成了重复执行。

当重复执行结束后,由第④步转向第⑨步执行,并由第⑨步输出 max 中的值(最大值),至此整个算法结束。

2. 用流程图描述

流程图是用一些图框和流程线来表示各种操作及其操作顺序。用这种方法表示算法,直观形象、易于理解。流程图中常用的基本图形如图 3.1 所示。

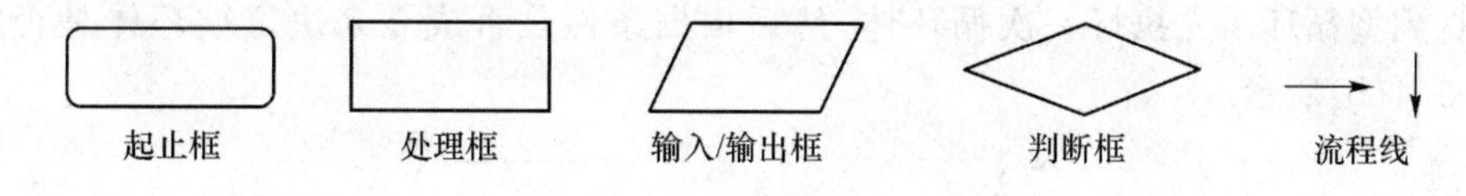

图 3.1　流程图中常用的基本图形

1966 年,Bohra 和 Jacopini 提出了算法的三种基本结构,并用这三种基本结构作为描述算法的基本单元。

(1) 顺序结构

顺序结构表示的是算法按照操作步骤描述的顺序依次执行的一种结构,流程图如图 3.2 所示,按照操作步骤描述的顺序,依次执行 A,B,C,…各部分。算法语言中没有专门实现顺序结构的控制语句。

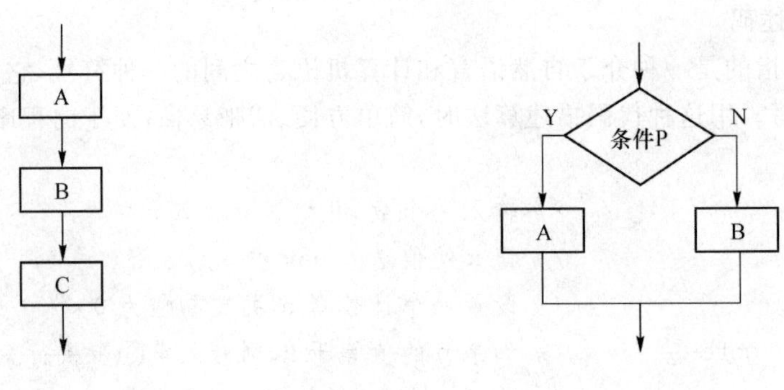

图 3.2　顺序结构　　　　图 3.3　分支结构

(2) 分支结构

分支结构表示的是按照条件的成立与否决定程序执行不同的方式。本节例子的伪代码描述的算法中第⑥步就是分支结构。图 3.3 所示为分支结构的流程图。

在分支结构中,根据条件 P 的判断结果,决定执行 A 或执行 B,不能既执行 A 又执行 B。无论执行 A 或执行 B,都要经过一个出口脱离分支结构。在许多情况下,B 框允许是空的,即不执行任何操作。

算法语言中通常设置专门的控制语句来实现分支结构。如 C 语言中的 if 语句。

(3) 循环结构

循环结构又称重复结构,它实现重复执行某一部分的操作。本节例子的伪代码描述的算法中,第④步到第⑧步之间的部分就是重复执行的部分。重复执行的部分也称为循环体。按循环判断条件和循环体出现的先后次序,可分为两类循环方式。

1) 当型循环。先进行条件判断,然后确定循环体是否执行,如图 3.4(a)所示。

它的执行过程如下:

① 判断条件 P 是否成立,若不成立转向④执行;若成立,执行②。

② 执行循环体 A。

③ 转向①执行。

④ 退出循环。

根据它的执行过程可知,当循环条件 P 在第一次判断时不成立,则循环体一次也不执行。

2) 直到型循环。先执行一次循环体,然后根据条件是否成立来决定循环体是否继续执行,如图 3.4(b)所示。

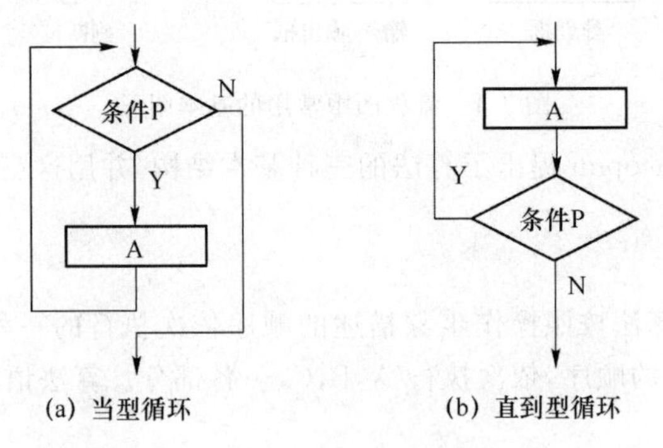

(a) 当型循环　　(b) 直到型循环

图 3.4　循环结构

它的执行过程如下：

① 执行循环体 A。

② 判断条件 P 是否成立，若不成立转向③执行；若成立，执行①。

③ 退出循环。

根据它的执行过程可知，循环体 A 至少要执行一次。

本节例子的算法流程图如图 3.5 所示。

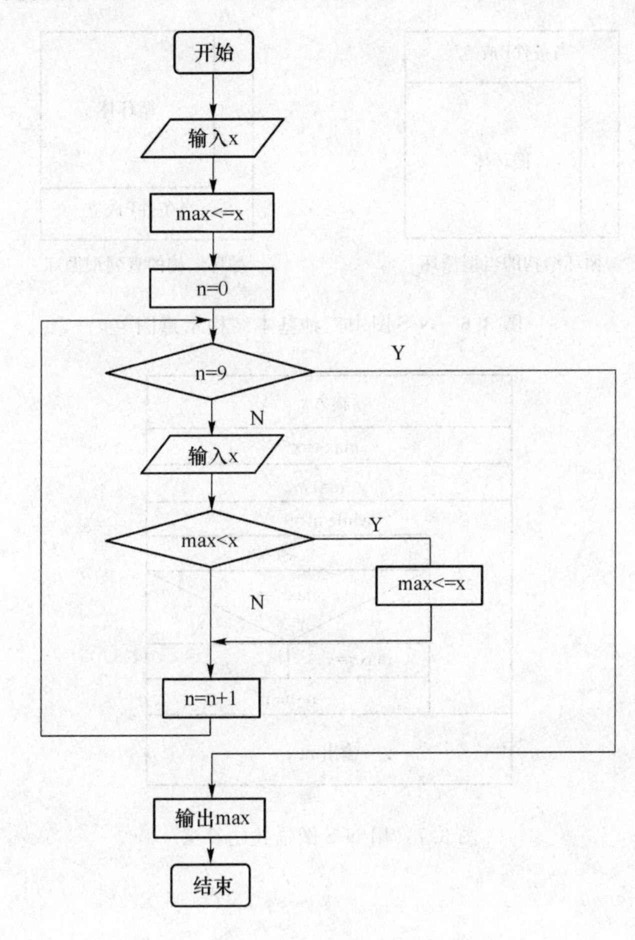

图 3.5　用流程图描述的算法

3. 用 N-S 图描述

在使用过程中，人们发现流程线不一定是必需的，为此，Nassi 和 Shneiderman 设计了一种新的流程图，简称 N-S 图。它把整个算法写在一个大框图内，这个大框图由若干个小的基本框图构成。N-S 图的三种基本结构如图 3.6 所示。

本节例子的算法用 N-S 图表示如图 3.7 所示。

4. 用程序描述

任何一种算法最终都要描述成算法语言程序，才能被计算机所执行。可以说程序就是算法的计算机语言描述。用计算机语言表示算法必须严格遵守所用语言的语法规则。例如用 C 语言描述本节例子的算法如下。

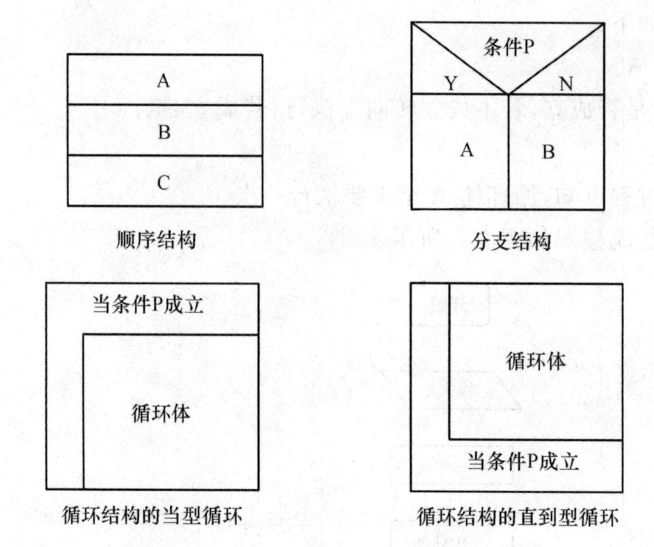

图 3.6　N-S 图中三种基本结构示意图

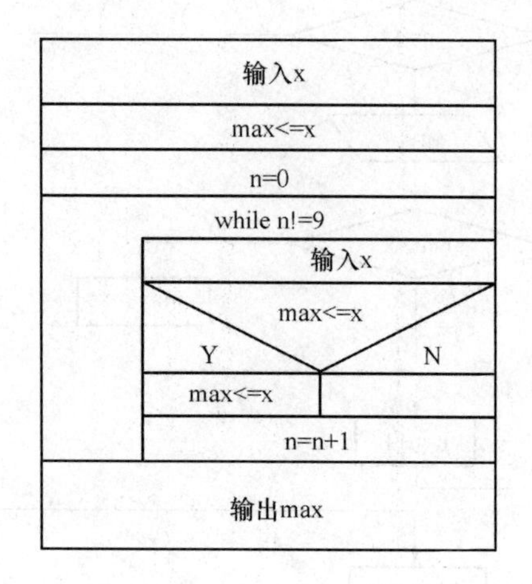

图 3.7　用 N-S 图描述的算法

```
main()
{
    int max,x,n;
    scanf("%d",&x);
    max = x;
    n = 0;
    while(n!= 9)
    {
        scanf("%d",&x);
        if(max<x)max = x;
        n = n + 1;
    }
```

```
    printf("%d\n",max);
}
```

这就是严格按照 C 语言的语法规则写出来的程序。

3.1.3 算法设计的要求

一个“好”的算法应达到以下目标。

(1) 正确性

正确性是设计和评价一个算法的首要条件，如果一个算法不正确，其他方面就无从谈起。一个正确的算法是指在合理的数据输入下，能在有限的运行时间内得出正确的结果。“正确”一词的含义大体可分为以下 4 个层次。

① 程序不含语法错误。

② 程序对于几组输入数据能够得出满足规格说明要求的结果。

③ 程序对于精心选择的典型、苛刻而带有刁难性的几组输入数据能够得出满足规格说明要求的结果。

④ 程序对于一切合法的输入数据都能得出满足规格说明要求的结果。

显然，达到第 4 层意义下的正确是极为困难的，因为所有不同输入数据的数量大得惊人，逐一验证的方法是不现实的。因此，通常以第 3 层意义的正确性作为衡量一个程序是否合格的标准。

(2) 易读性

算法主要是为了人们的阅读与交流，其次才是机器执行。一个清晰的算法有助于人们对程序的理解；晦涩难懂的程序易于隐藏较多错误，难以调试和修改。

(3) 健壮性

当输入数据非法时，算法也能适当地做出反应或进行处理，应返回一个表示错误或错误性质的值，而不是打印错误信息或异常中止程序的执行。

(4) 高效率与低存储量需求

同一个问题如果有多个算法，执行时间短的算法效率高。存储量需求指算法执行过程中所需的最大存储空间。效率与存储量需求和问题的规模有关。显然，对 100 个数据处理与对 1 000 个数据处理所花的时间和空间有一定的差别。

3.2　基本输入与输出语句

由用户在程序的运行过程中输入一些数据往往是需要的，而程序运算所得到的计算结果等又需要输出给用户，由此实现人与计算机之间的交互，所以在程序设计中，输入/输出语句是一类必不可少的重要语句，在 C 语言中，没有专门的输入/输出语句，所有的输入/输出操作都是通过对标准 I/O 库函数的调用实现。以下分别介绍最常用的输入/输出函数：scanf()、printf()、getchar()和 putchar()。

3.2.1 常用的输入函数

常用的输入函数是指从键盘上接收数据的函数，它们是 getchar()、gets()和 scanf()三个函数。

1. 获得一个字符的函数 getchar()

该函数的功能是从键盘上获取一个字符，它是带缓冲区和回显的，所谓带缓冲区是指该函数不是当一个字符键入后立即被接收，而是将键入的字符先放在内存缓冲区中，当若干个字符键入完后，再从缓冲区中按先后顺序获得字符。所谓带回显是指键入一个字符后在显示器屏幕上显示出所键入的字符。该函数的格式如下所示：

```
int getchar ()
```

该函数没有参数，它的返回值是一个 int 型数，即所接收的字符的 ASCII 码值。

2. 获得一个字符串的两数 gets()

该函数的功能是从键盘上获取所键入的字符串。该函数的正常返回值是一个字符型指针，即读取到的字符串的首地址，出错时返回 null（null 被定义为空）。该函数的格式如下所示：

```
char * gets(s)
char * s;
```

其中，* 作为说明符表示指针，而 char * 表示 char 型指针。具体指针的详细讲解见本书"指针"一章。输入的字符串以'\n'(换行符)为结束。

3. 标准格式输入函数 scanf()

标准格式输入函数是指从标准输入设备键盘上读取数据并且按所指定的格式将读取的数据赋给相应的变量。该函数的格式如下：

```
int scanf ("〈控制串〉",〈参数表〉)
```

该函数的参数由两部分组成，其中一部分是由双引号括起来，被称为控制串，另一部分是参数表，控制串中包含格式符和一般字符。格式符是用来说明对应的输入项的格式的。格式符的标识符是百分号，它后面跟的字母表示格式的格式说明符。scanf()函数的格式说明符如下所示：

d——十进制整数

x——十六进制整数

o——八进制整数

u——无符号十进制数

f——小数表示的浮点数

e——指数表示的浮点数

c——单个字符

s——字符串

控制串中的一般字符表示匹配符，另外在%和格式说明符之间还可加修饰符，这些内容将在后续章节讲解。

参数表是由一个或多个参数构成，多个参数使用时用逗号分隔。每个参数用地址值表示。要求参数的个数和类型与控制串中格式符的个数和类型相一致，即要求其个数相等、类型相同。

该函数具有一个整型数的返回值，该返回值表示该函数参数表中成功获得数据的参数的个数。

三种输入函数的例子将会在后面章节的程序中看到。

3.2.2 常用的输出函数

常用的输出函数是指将输出结果显示在屏幕上的函数，它们是 putchar()、puts()和 printf()三个函数。

1. 输出一个字符的函数 putchar()

该函数的功能是将所指定的一个字符输出到屏幕上，即将该字符显示在屏幕上。该函数的格式如下：

```
putchar(c);
```

其中，c 是该函数的参数。该函数将 c 所表示的字符显示在屏幕上。c 可以是一个字符常量，也可以是一个字符型变量，还可以是一个表达式。正常情况下，该函数返回输出字符的代码值；出错时，返回 EOF。

2. 输出一个字符串的函数 puts()

该函数的功能是将所指定的字符串显示在屏幕上。其格式如下：

```
int puts(s);
char * s;
```

其中，s 是该函数的参数，该参数指出要输出显示的字符串，它可以是一个字符串常量，也可以是一个字符型数组，或是一个指向字符串的指针。该函数正常时返回零。

3. 标准格式输出函数 printf ()

该函数是将指定的表达式的值按指定的格式输出到屏幕上，即显示在屏幕上。该函数的格式如下：

```
printf ("控制串",参数表);
```

该函数的参数可分两个部分：一部分是"控制串"，用双引号括起；第二部分是"参数表"，中间用逗号分隔。控制串中包含格式符和一般字符。格式符是用百分号作为标识符，其后用一个字母表示输出格式，该字母称为格式说明符。该函数的格式说明符如下所示：

d——十进制整数

o——八进制整数

x——十六进制整数

u——无符号整数

c——单个字符

s——字符串

f——浮点数(小数型)

e——浮点数(指数型)

g——e 和 f 中较短的一种

在格式标识符(%)与格式说明符之间可以使用修饰符，用来限制输出数据的宽度和对齐方式。常用的修饰符如下：

数字。数字一小数点前面的数字用来表示输出数据的最小域宽。所谓最小域宽是指当输出数据的实际宽度小于最小域宽时，按最小域宽输出数据，一般用空格符补到最小域宽；当输出数据的实际宽度大于最小域宽时，则按实际宽度输出数据。可见最小域宽是用来指出输出数据的最小宽度；小数点后面的数字用来表示输出数据的精度，对浮点数来讲表示小数点后的位数；对字符串来讲表示输出字符串的最大个数，并将超过的部分截掉；对整数来讲表示输出的最大位数，超过的部分被截去(很少使用)。

3.2.3 输入函数和输出函数举例

前面小节中提到了输入函数 scanf 和输出函数 printf，这里我们先简单介绍一下它们的格式，以便后面使用。

scanf 和 printf 这两个函数分别称为格式输入函数和格式输出函数。其意义是按指定的格式输入或输出值。因此，这两个函数在括号中的参数都由以下两部分组成。

1. 格式控制串：格式控制串是一个字符串，必须用双引号括起来，它表示了输入或输出量的数据类型。在 printf 函数中还可以在格式控制串内出现非格式控制字符，这时在显示屏幕上会显示源字符串。

2. 参数表：参数表中给出了输入或输出的变量。当有多个变量时，用英文逗号(,)分开。

例如：

```
printf("sine of %lf is %lf\n",x,s);
printf("sine of %lf is %lf\n",x,s);
```

其中%lf 为格式字符，表示按双精度浮点数处理。它在格式串中两次现，对应了 x 和 s 两个变量。其余字符为非格式字符则照原样输出在屏幕上。

例 3.1 输入/输出函数举例。

```
#include <stdio.h>
int max(int a,int b);  /* 自定义函数说明 */
main(){  /* 主函数 */
    int x,y,z;  /* 变量说明 */
    int max(int a,int b);  /* 函数说明 */
    printf("input two numbers:\n");
    scanf("%d%d",&x,&y);  /* 输入 x,y 值 */
    z=max(x,y);  /* 调用 max 函数 */
    printf("maxmum=%d",z);  /* 输出 */
}
int max(int a,int b){  /* 定义 max 函数 */
    if(a>b){
        return a;
    }else{
        return b;  /* 把结果返回主调函数 */
    }
}
```

例 3.1 中程序的功能是由用户输入两个整数，程序执行后输出其中较大的数。本程序由两个函数组成，主函数和 max()函数。函数之间是并列关系。可从主函数中调用其他函数。max 函数的功能是比较两个数，然后把较大的数返回给主函数。max 函数是一个用户自定义函数，因此在主函数中要给出说明(程序第三行)。可见，在程序的说明部分中，不仅可以有变量说明，还可以有函数说明。关于函数的详细内容将在后续章节介绍。在程序的每行后用/*和*/括起来的内容为注释部分，程序不执行注释部分。

例 3.1 中程序的执行过程是：首先在屏幕上显示提示串，请用户输入两个数，回车后由 scanf 函数语句接收这两个数送入变量 x、y 中，然后调用 max 函数，并把 x、y 的值传送给 max 函数的参数 a、b。在 max 函数中比较 a、b 的大小，把大者返回给主函数的变量 z，最后在屏幕上输出 z 的值。

需要注意的是，字符输入/输出函数定义在头文件 stdio.h 中，故当程序中使用输入/输出函数时，必须在 main()之前用语句#include"stdio.h"将 stdio.h 包含进来。

3.3　顺序结构

顺序结构是三种基本程序结构中最基本的程序结构，即程序代码从上至下按顺序执行，前面所出现的例子基本都是顺序结构。

例 3.2　下面的程序是一个复数加法的例子。

```
#include <stdio.h>
main ()
{
    float a1,b1,a2,b2;
    char ch;
    printf("\t\t\tcomplexs Addition\n");
    printf("please input the first complex:\n");
    printf("\t realpart:");
    scanf ( " % f " , & a 1 ) ;
    printf("\t virtualpart:");
    scanf ( " % f " , & b 1 ) ;
    printf("%5.2f +i %5.2f\n",a1,b1);
    printf("\n please input the second complex:\n");
    printf("\t realpart:");
    scanf("%f",&a2);
    printf("\t virtualpart :");
    scanf ( " % f " , & b 2 ) ;
    printf("%5.2f +i %5.2f\n",a2,b2);
    printf("\n The addition is :");
    printf("%6.3f +i %6.3f\n",a1+a2,b1+b2);
    printf(" program normal terminated,press enter...");
    ch=getchar( ) ;
    ch=getchar();
}
```

运行结果如下：

```
complexs addition
please input the first complex :
```

realpart:1.2

virtualpart:3.4

这个例子是最基本的顺序机构C程序,结合了前面介绍的输入/输出函数的使用。

3.4 选择结构

在程序的三种基本结构中,第二种即为选择结构,其基本特点是:程序的流程由多路分支组成,在程序的一次执行过程中,根据不同的情况,只有一条支路被选中执行,而其他分支上的语句被直接跳过。

C语言中,提供if语句和switch语句选择结构,if语句用于两者选一的情况,而switch用于多分支选一的情形。

3.4.1 if语句

用if语句可以构成分支结构。它根据给定的条件进行判断,以决定执行某个分支程序段。C语言的if语句有如下三种基本形式。

1. 第一种形式:if

其一般形式为:

if(表达式) 语句

其语义是:如果表达式的值为真,则执行其后的语句,否则不执行该语句。其过程如图3.8所示。

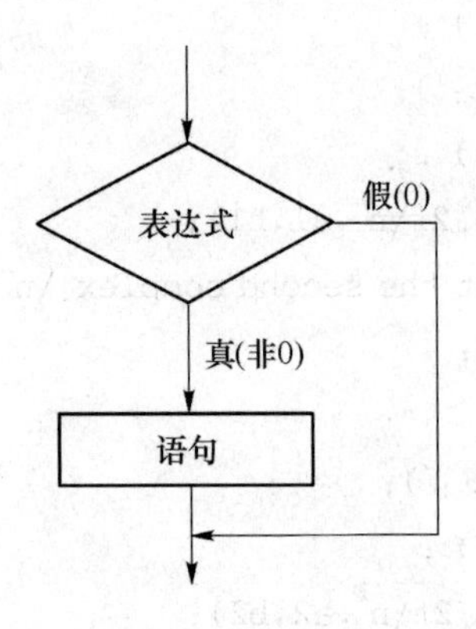

图3.8 if-else结构程序流程图

例3.3 单分支程序举例。

```
main(){
    int a,b,max;
    printf("\n input two numbers:   ");
    scanf("%d%d",&a,&b);
    max=a;
    if (max<b) max=b;
    printf("max=%d",max);
```

```
}
```

本例程序中，输入两个数 a、b。把 a 先赋予变量 max，再用 if 语句判别 max 和 b 的大小，如 max 小于 b，则把 b 赋予 max。因此 max 中总是大数，最后输出 max 的值。

2. 第二种形式：if-else

其一般形式为：

```
if(表达式)
    语句 1;
else
    语句 2;
```

语义是：如果表达式的值为真，则执行语句 1，否则执行语句 2 。其执行过程如图 3.9 所示。

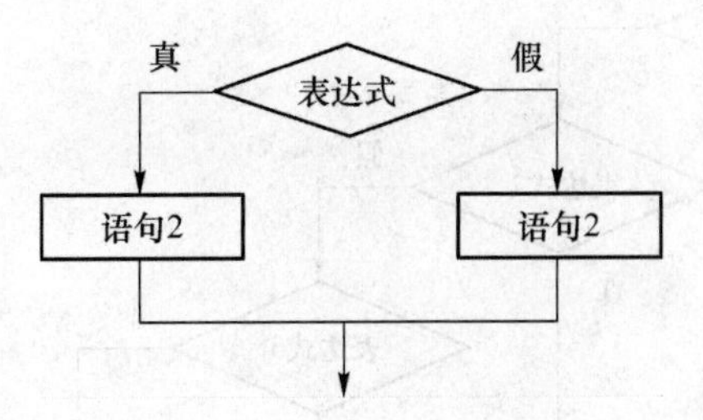

图 3.9　if-else 结构流程图

例 3.4　if-else 结构程序举例。

```
main(){
    int a, b;
    printf("input two numbers:      ");
    scanf("%d%d",&a,&b);
    if(a>b)
        printf("max=%d\n",a);
    else
        printf("max=%d\n",b);
}
```

输入两个整数，输出其中的大数。改用 if-else 语句判别 a、b 的大小，若 a 大，则输出 a，否则输出 b。

3. 第三种形式：if-else-if

前两种形式的 if 语句一般都用于两个分支的情况。当有多个分支选择时，可采用 if-else-if 语句，其一般形式为：

```
if(表达式 1)
    语句 1;
else  if(表达式 2)
    语句 2;
else  if(表达式 3)
```

```
        语句 3;
        …
    else  if(表达式 m)
        语句 m;
    else
        语句 n;
```

其语义是:依次判断表达式的值,当出现某个值为真时,则执行其对应的语句。然后跳到整个 if 语句之外继续执行程序。如果所有的表达式均为假,则执行语句 n。然后继续执行后续程序。if-else-if 语句的执行过程如图 3.10 所示。

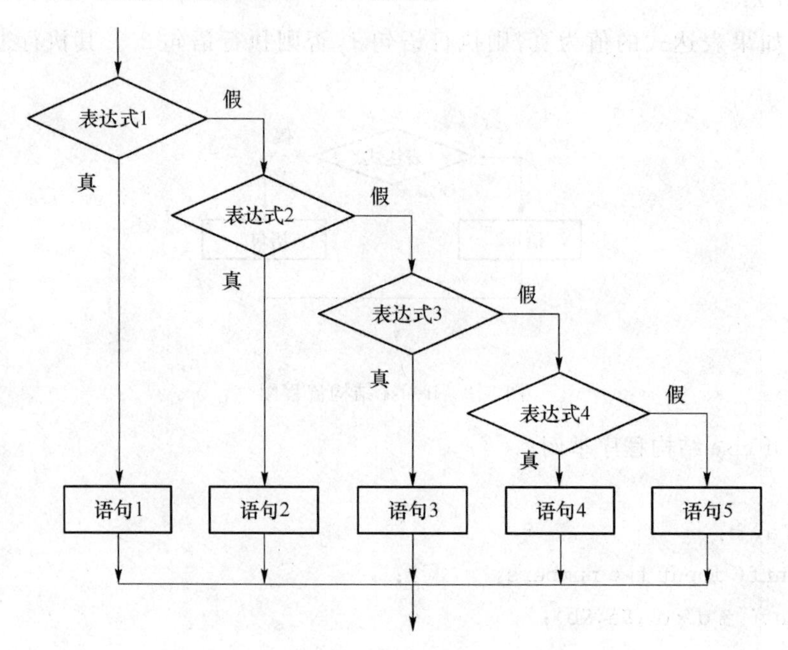

图 3.10 if-else-if 选择结构流程图

例 3.5 多分支选择结构程序举例。

```
#include"stdio.h"
main(){
    char c;
    printf("input a character:    ");
    c=getchar();
    if(c<32)
        printf("This is a control character\n");
    else if(c>='0'&&c<='9')
        printf("This is a digit\n");
    else if(c>='A'&&c<='Z')
        printf("This is a capital letter\n");
    else if(c>='a'&&c<='z')
        printf("This is a small letter\n");
```

```
    else
        printf("This is an other character\n");
}
```

本例要求判别键盘输入字符的类别。可以根据输入字符的 ASCII 码来判别类型。由 ASCII 码表可知 ASCII 值小于 32 的为控制字符。在"0"～"9"之间的为数字，在"A"～"Z"之间为大写字母，在"a"～"z"之间为小写字母，其余则为其他字符。这是一个多分支选择的问题，用 if-else-if 语句编程，判断输入字符 ASCII 码所在的范围，分别给出不同的输出。例如输入为"g"，输出显示它为小写字符。

在使用 if 语句时还应注意以下问题。

在三种形式的 if 语句中，在 if 关键字之后均为表达式。该表达式通常是逻辑表达式或关系表达式，但也可以是其他表达式，如赋值表达式等，甚至也可以是一个变量。例如：

```
if(a=5) 语句;
if(b) 语句;
```

都是允许的。只要表达式的值为非 0，即为"真"。如在：

```
if(a=5)…;
```

中表达式的值永远为非 0，所以其后的语句总是要执行的，当然这种情况在程序中不一定会出现，但在语法上是合法的。

又如，有程序段：

```
if(a=b) printf("%d",a);
else printf("a=0");
if(a=b) printf("%d",a);
else printf("a=0");
```

本程序段的语义是把 b 值赋予 a，如为非 0 则输出该值，否则输出"a=0"字符串。这种用法在程序中是经常出现的。

在 if 语句中，条件判断表达式必须用括号括起来，在语句之后必须加分号。

在 if 语句的三种形式中，所有的语句应为单个语句，如果要想在满足条件时执行一组(多个)语句，则必须把这一组语句用{}括起来组成一个复合语句。但要注意的是在}之后不能再加分号。例如：

```
if(a>b)
{a++;b++;}
else
{a=0;b=10;}
if(a>b)
{a++;b++;}
else
{a=0;b=10;}
```

4. if 语句的嵌套

当 if 语句中的执行语句又是 if 语句时，则构成了 if 语句嵌套的情形。其一般形式可表示为：

```
if(表达式)
```

```
        if 语句;
```

或者为:

```
    if(表达式)
        if 语句;
    else
        if 语句;
```

在嵌套内的 if 语句可能又是 if-else 型的,这将会出现多个 if 和多个 else 重叠的情况,这时要特别注意 if 和 else 的配对问题。例如:

```
    if(表达式 1)
        if(表达式 2)
            语句 1;
        else
            语句 2;
```

其中的 else 究竟是与哪一个 if 配对呢? 应该理解为:

```
    if(表达式 1)
        if(表达式 2)
            语句 1;
        else
            语句 2;
```

还是应理解为:

```
    if(表达式 1)
        if(表达式 2)
            语句 1;
    else
        语句 2;
```

为了避免这种二义性,C 语言规定,else 总是与它前面最近的 if 配对,因此对上述例子应按前一种情况理解。

例 3.6 if 语句的嵌套。

```
main(){
    int a,b;
    printf("please input A,B:     ");
    scanf("%d%d",&a,&b);
    if(a!=b)
    if(a>b)  printf("A>B\n");
    else     printf("A<B\n");
    else     printf("A=B\n");
}
```

比较两个数的大小关系。本例中用了 if 语句的嵌套结构。采用嵌套结构是为了进行多分支选择,实际上有三种选择,即 A>B、A<B 或 A=B。这种问题用 if-else-if 语句也可以完

成，而且程序更加清晰。因此，在一般情况下较少使用 if 语句的嵌套结构，以使程序更便于阅读理解。

例 3.7　嵌套的优化。

```
main(){
int a,b;
printf("please input A,B: ");
scanf("%d%d",&a,&b);
if(a==b) printf("A=B\n");
else if(a>b) printf("A>B\n");
else printf("A<B\n");
}
```

3.4.2　switch 语句

C 语言还提供了另一种用于多分支选择的 switch 语句，其一般形式为：

```
switch(表达式){
    case 常量表达式 1:  语句 1;
    case 常量表达式 2:  语句 2;
            ⋮
    case 常量表达式 n:  语句 n;
    default:  语句 n+1;
}
```

其语义是：计算表达式的值，并逐个与其后的常量表达式值相比较，当表达式的值与某个常量表达式的值相等时，即执行其后的语句，然后不再进行判断，继续执行后面所有 case 后的语句；如表达式的值与所有 case 后的常量表达式均不相同时，则执行 default 后的语句。

例 3.8　switch 语句举例。

```
main(){
    int a;
    printf("input integer number:        ");
    scanf("%d",&a);
    switch (a){
        case 1:printf("Monday\n");
        case 2:printf("Tuesday\n");
        case 3:printf("Wednesday\n");
        case 4:printf("Thursday\n");
        case 5:printf("Friday\n");
        case 6:printf("Saturday\n");
        case 7:printf("Sunday\n");
        default:printf("error\n");
```

```
    }
}
```

本程序是要求输入一个数字,输出一个英文单词。但是当输入3之后,却执行了case 3及以后的所有语句,输出了Wednesday及以后的所有单词。这当然是不希望的。为什么会出现这种情况呢?这恰恰反映了switch语句的一个特点:在switch语句中,"case常量表达式"只相当于一个语句标号,表达式的值和某标号相等则转向该标号执行,但不能在执行完该标号的语句后自动跳出整个switch语句,所以出现了继续执行所有后面case语句的情况。这是与前面介绍的if语句完全不同的,应特别注意。

为了避免上述情况,C语言还提供了一种break语句,专用于跳出switch语句,break语句只有关键字break,没有参数。在后面还将详细介绍。修改例3.8的程序,在每一case语句之后增加break语句,使每一次执行之后均可跳出switch语句,从而避免输出不应有的结果。

在使用switch语句时还应注意以下几点。

- 在case后的各常量表达式的值不能相同,否则会出现错误。
- 在case后,允许有多个语句,可以不用{}括起来。
- 各case和default子句的先后顺序可以变动,而不会影响程序执行结果。
- default子句可以省略不用。

3.4.3 程序应用举例

例3.9 解一元二次方程 $ax^2+bx+c=0$,a、b、c由键盘输入。

分析:对系数a、b、c考虑以下情形

1) 若 $a=0$:

① $b\neq0$,则 $x=-c/b$;

② $b=0$,则:当 $c=0$,则x无定根;当 $c\neq0$,则x无解。

2) 若 $a\neq0$:

① $b^2-4ac>0$,有两个不等的实根;

② $b^2-4ac=0$,有两个相等的实根;

③ $b^2-4ac<0$,有两个共轭复根。

用嵌套的if语句完成。程序如下:

```
#include <math.h>
# include <stdio.h>
main ( )
{
float a,b,c,s,x1,x2;
double t;
printf(" please input a,b,c:");
scanf (" %f %f %f", &a, &b, &c);
if (a==0.0)
if ( b!=0.0 )
```

```
printf("the root is : %f\n", -c/b);
else if (c==0.0)
printf("x is inexactive\n");
else
printf("no root! \n");
else
{
s=b*b-4*a*c;
if(s>=0.0)
if(s>0.0)
{
t=sqrt(s);
x1=-0.5*(b+t)/a;
x2=-0.5*(b-t)/a;
printf("There are two different roots: %f and %f,\xn1 ", x 2 ) ;
}
else
printf("There are two equal roots: %f\n", -0.5*b/a);
else
{
t=sqrt(-s);
x1=-0.5*b/a; /*实部*/
x2=abs(0.5*t/a); /*虚部的绝对值*/
printf("There are two virtual roots:");
printf("%f+i%f\t\t%f-i%f\n",x1,x2,x1,x2 );
}
}
}
```

运行结果如下：

```
please input a,b,c : 1 2 3
There are two virtual roots:
-1.000000 + i 1.000000 -1.000000 - i 1.000000
RNU
please input a,b,c : 2 5 3
There are two different roots : -1.500000 and -1.000000
RNU
please input a,b,c : 0 0 3
No root!
```

例 3.10　输入三个整数，输出最大数和最小数。

```
main(){
    int a,b,c,max,min;
    printf("input three numbers:     ");
    scanf("%d%d%d",&a,&b,&c);
    if(a>b){
        max=a;
        min=b;
    }else{
        max=b;
        min=a;
    }
    if(max<c){
        max=c;
    }else if(min>c){
        min=c;
    }
    printf("max=%d\nmin=%d",max,min);
}
```

本程序中,首先比较输入的a、b的大小,并把大数装入max,小数装入min中,然后再与c比较,若max小于c,则把c赋予max;如果c小于min,则把c赋予min。因此max内总是最大数,而min内总是最小数。最后输出max和min的值即可。

例3.11 计算器程序。用户输入运算数和四则运算符,输出计算结果。

```
main(){
    float a,b;
    char c;
    printf("input expression: a+(-,*,/)b \n");
    scanf("%f%c%f",&a,&c,&b);
    switch(c){
        case '+': printf("%f\n",a+b);break;
        case '-': printf("%f\n",a-b);break;
        case '*': printf("%f\n",a*b);break;
        case '/': printf("%f\n",a/b);break;
        default: printf("input error\n");
    }
}
```

本例可用于四则运算求值。switch语句用于判断运算符,然后输出运算值。当输入运算符不是+、-、*或/时会给出错误提示。

3.5　循环结构

循环控制结构(又称重复结构)是程序中的另一个基本结构。在实际问题中,常常需要进行大量的重复处理,循环结构可以使我们只写很少的语句,而让计算机反复执行,从而完成大量类似的计算。

C 语言提供了 while 语句、do…while 语句和 for 语句实现循环结构。

3.5.1　while 语句

while 语句的一般形式为:

while(表达式)　语句

其中表达式是循环条件,语句为循环体。

while 语句的语义是:计算表达式的值,当值为真(非 0)时,执行循环体语句。

例 3.12　用 while 语句计算从 1 加到 100 的值。用传统流程图和 N-S 结构流程图表示算法,如图 3.11 所示。

```
main(){
    int i,sum = 0;
    i = 1;
    while(i< = 100){
        sum = sum + i;
        i++;
    }
    printf("%d\n",sum);
}
```

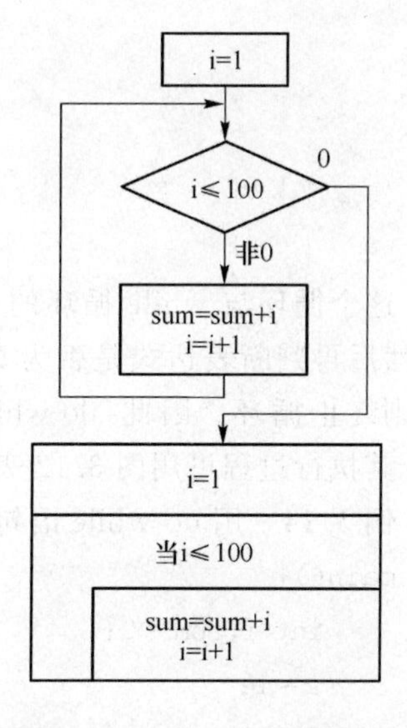

图 3.11　例 3.12 流程图

例 3.13 统计从键盘输入一行字符的个数。

```
#include <stdio.h>
main(){
    int n=0;
    printf("input a string:\n");
    while(getchar()!='\n') n++;
    printf("%d",n);
}
```

本例程序中的循环条件为 getchar()! ='\n',其意义是,只要从键盘输入的字符不是回车就继续循环。循环体 n++完成对输入字符个数计数。从而程序实现了对输入一行字符的字符个数计数。

使用 while 语句应注意以下两点。

1. while 语句中的表达式一般是关系表达或逻辑表达式,只要表达式的值为真(非 0)即可继续循环。

```
main(){
    int a=0,n;
    printf("\n input n:    ");
    scanf("%d",&n);
    while (n--) printf("%d  ",a++*2);
}
```

本例程序将执行 n 次循环,每执行一次,n 值减 1。循环体输出表达式 a++*2 的值。该表达式等效于(a*2; a++)。

2. 循环体如包括有一个以上的语句,则必须用{}括起来,组成复合语句。

3.5.2 do-while 语句

do-while 语句的一般形式为:

```
do
    语句
while(表达式);
```

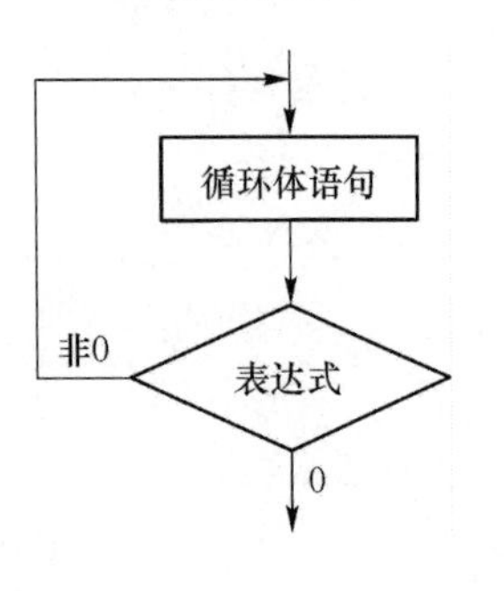

图 3.12 do-while 结构流程图

这个循环与 while 循环的不同在于:它先执行循环中的语句,然后再判断表达式是否为真,如果为真则继续循环;如果为假,则终止循环。因此,do-while 循环至少要执行一次循环语句。其执行过程可用图 3.12 表示。

例 3.14 用 do-while 语句计算从 1 加到 100 的值。

```
main(){
    int i,sum=0;
    i=1;
    do{
```

```
        sum = sum + i;
        i++;
    }
    while(i<=100);
    printf("%d\n",sum);
}
```

同样当有许多语句参加循环时，要用"{"和"}"把它们括起来。

例 3.15　while 和 do-while 循环比较。

1）while 循环

```
main(){
    int sum = 0,i;
    scanf("%d",&i);
    while(i<=10){
        sum = sum + i;
        i++;
    }
    printf("sum = %d",sum);
}
```

2）do-while 循环

```
main(){
    int sum = 0,i;
    scanf("%d",&i);
do{
    sum = sum + i;
    i++;
}
while(i<=10);
    printf("sum = %d",sum);
}
```

当输入的数字小于等于 10，即循环初始条件能够为真时，两种循环得到的结果相同。

当输入的数字大于 10 时，两种循环的结果是有区别的，请读者自己总结规律。

3.5.3　for 语句

for 语句是循环控制结构中使用最广泛的一种循环控制语句，特别适合已知循环次数的情况。它的一般形式为：

for (<表达式 1>;<表达式 2>;<表达式 3>) 语句；

for 语句很好地体现了正确表达循环结构应注意的三个问题：

① 控制变量的初始化；

② 循环的条件；

③ 循环控制变量的更新。

表达式 1:一般为赋值表达式,给控制变量赋初值。

表达式 2:关系表达式或逻辑表达式,循环控制条件。

表达式 3:一般为赋值表达式,给控制变量增量或减量。

语句:循环体,当有多条语句时,必须使用复合语句。

for 循环的流程图如图 3.13 所示,其执行过程如下:首先计算表达式 1,然后计算表达式 2,若表达式 2 为真,则执行循环体;否则,退出 for 循环,执行 for 循环后的语句。如果执行了循环体,则循环体每执行一次,都计算表达式 3,然后重新计算表达式 2,依此循环,直至表达式 2 的值为假,退出循环。

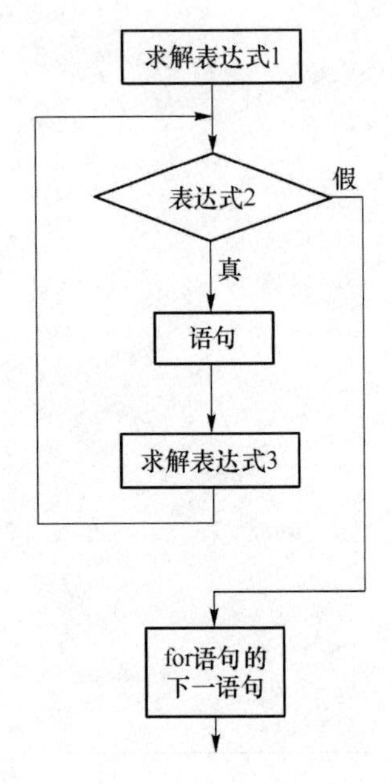

图 3.13 for 语句流程图

例 3.16 计算自然数 1～n 的平方和。

```
# include <stdio.h>
# include <math.h>
main()
{
int i;
float s;
printf("please input n :");
scanf(" % d",&n);
s = 0.0;
for(i = 1;i< = n;i ++ )
s = s + (float)(i) * (float)(i);
printf("1 * 1 + 2 * 2 + ... + %d * %d = %f\,nn",n,s);
}
```

运行结果如下：

```
please input n : 5
1 * 1 + 2 * 2 + ... + 5 * 5 = 55.000000
```

for 语句的三个表达式都是可以省略的，但分号“;”绝对不能省略。for 语句的几种格式如下。

(1) for(; ;)语句

这是一个死循环，一般用条件表达式加 break 语句在循环体内适当位置，一旦条件满足时，用 break 语句跳出 for 循环。例如，在编制菜单控制程序时，可以如下：

```
for(; ;)
{
printf("please input choice( Q = Exit):"); /* 显示菜单语句块：*/
scanf(" %c",&ch);
if(ch == 'Q')or(ch == 'q')break;/* 语句段 */
}
```

(2) for(;表达式 2;表达式 3)

使用条件是：循环控制变量的初值不是已知常量，而是在前面通过计算得到，例如：

```
i = m - n ;
…
for(;i<k;i++)语句；
```

(3) for(表达式 1;表达式 2;)语句

一般当循环控制变量非规则变化，而且循环体中有更新控制变量的语句时使用。

例如：

```
for(i = 1;i< = 100;)
{
…
i = i * 2 + 1;
…
}
```

(4) for(i=1,j=n;i<j;i++,j--)语句；

在 for 语句中，表达式 1、表达式 3 都可以有一项或多项，如本例中，表达式 1 同时为 i 和 j 赋初值，表达式 3 同时改变 i 和 j 的值。当有不止一项时，各项之间用逗号“,”分隔。

同一个问题，往往既可以用 while 语句解决，也可以用 do-while 或者 for 语句来解决，但在实际应用中，应根据具体情况来选用不同的循环语句，选用的一般原则如下。

① 如果循环次数在执行循环体之前就已确定，一般用 for 语句；如果循环次数是由循环体的执行情况确定的，一般用 while 语句或者 do-while 语句。

② 当循环体至少执行一次时，用 do-while 语句；反之，如果循环体可能一次也不执行，选用 while 语句。

一个循环的循环体中有另一个循环叫循环嵌套。这种嵌套过程可以有很多重。一个循环外面仅包围一层循环叫二重循环；一个循环外面包围两层循环叫三重循环；一个循环外面包围多层循环叫多重循环。

三种循环语句 for、while、do-while 可以互相嵌套自由组合。但要注意的是，各循环必须完整，相互之间绝不允许交叉。如下面这种形式是不允许的：

```
do
{ ……
for (;;)
{
……
}while( );
}
```

3.6　控制转移语句

有时，我们需要在循环体中提前跳出循环，或者在满足某种条件下，不执行循环中剩下的语句而立即从头开始新的一轮循环，这时就要用到 break 和 continue 语句。

1. break 语句

break 语句通常用在循环语句和开关语句中。当 break 用于开关语句 switch 中时，可使程序跳出 switch 而执行 switch 以后的语句；如果没有 break 语句，则将成为一个死循环而无法退出。break 在 switch 中的用法已在前面介绍开关语句时的例子中碰到，这里不再举例。

当 break 语句用于 do-while、for、while 循环语句中时，可使程序终止循环而执行循环后面的语句，通常 break 语句总是与 if 语句连在一起，即满足条件时便跳出循环。

例 3.17　break 语句的应用。

```
main(){
    int i=0;
    char c;
    while(1){  /*设置循环*/
        c='\0';  /*变量赋初值*/
        while(c!=13&&c!=27){  /*键盘接收字符直到按回车或Esc键*/
            c=getch();
            printf("%c\n", c);
        }
        if(c==27)
            break;          /*判断若按Esc键则退出循环*/
        i++;
        printf("The No. is %d\n", i);
    }
    printf("The end");
}
```

注意：

break 语句对 if-else 的条件语句不起作用。在多层循环中，一个 break 语句只向外跳一层。

2. continue 语句

continue 语句的作用是跳过循环体中剩余的语句而强行执行下一次循环。continue 语句只用在 for、while、do-while 等循环体中，常与 if 条件语句一起使用，用来加速循环。

对比一下 break 和 continue。

while 的用法：

```
while(表达式 1){
    ……
    if(表达式 2)  break;
    ……
}
```

continue 的用法：

```
while(表达式 1){
    ……
    if(表达式 2)  continue;
    ……
}
```

例 3.18　continue 语句应用。

```
main(){
    char c;
    while(c!=13){ /*不是回车符则循环*/
    c=getch();
    if(c==0X1B)
        continue;/*若按 Esc 键不输出便进行下次循环*/
    printf("%c\n",c);
    }
}
```

3.7　算法综合实例分析

例 3.19　验证哥德巴赫猜想：任一充分大的偶数，可以用两个素数之和表示，例如：

```
4 = 2 + 2
6 = 3 + 3
  ⋮
98 = 19 + 79
```

哥德巴赫猜想是世界著名的数学难题，至今未能在理论上得到证明，自从计算机出现后，人们就开始用计算机去尝试解各种各样的数学难题，包括费马大定理、四色问题、哥德巴赫猜想等，虽然计算机无法从理论上严密地证明它们，而只能在很有限的范围内对其进行检验，但也不失其意义。费马大定理已于1994年得到证明，而哥德巴赫猜想这枚数学王冠上的宝石，至今无人能及。

分析：我们先不考虑怎样判断一个数是否为素数，而从整体上对这个问题进行考虑，可以这样做：读入一个偶数n，将它分成p和q，使n=p+q。怎样分呢？可以令p从2开始，每次加1，而令q=n-p，如果p、q均为素数，则正为所求，否则令p=p+q再试。

其基本算法如下：

① 读入大于3的偶数n。

② p=1

③ do {

④ p=p+1;q=n-p;

⑤ p是素数吗？

⑥ q是素数吗？

⑦ } while p、q有一个不是素数。

⑧ 输出n=p+q。

为了判明p、q是否是素数，我们设置两个标志量flagp和flagq，初始值为0，若p是素数，令flagp=1，若q是素数，令flagq=1，于是第⑦步变成：

```
} while (flagp * flagq == 0);
```

再来分析第⑤步、第⑥步，怎样判断一个数是不是素数呢？素数就是除了1和它自身外，不能被任何数整除的整数，由定义可知：2、3、5、7、11、13、17、19等是素数；1、4、6、8、9、10、12、14等不是素数。

要判断i是否是素数，最简单的办法是用2、3、4、…、i-1这些数依次去除i，看能否除尽，若被其中之一除尽，则i不是素数；反之，i是素数。

但其实，没必要用那么多的数去除，实际上，用反证法很容易证明，如果小于等于i的平方根的数都除不尽，则i必是素数。于是，上述算法中的第⑤步、第⑥步可以细化为：

第⑤步：p是素数吗？

```
flagp = 1;
for(j = 2;j< = [sqrt(p)];j ++ )
if p 除以 j 的余数 = 0
{ flagp = 0;
break; }
```

第⑥步：q是素数吗？

```
flagq = 1;
for(j = 2;j< = [sqrt(q)];j ++ )
if q 除以 j 的余数 = 0
{ flagq = 0;
break; }
```

程序如下：

```
#include <math.h>
```

```
# include <stdio.h>
main()
{
    int j,n,p,q,flagp,flagq;
    printf("please input n :");
    scanf(" %d",&n);
    if (((n%2)!=0)||(n<=4))
        printf("input data error! \n");
    else
    {
        p=1;
        do {
            p=p+1;
            q=n-p;
            flagp=1;
            for(j=2;j<=(int)(floor(sqrt((double)(p))));j++)
            {
                if ((p%j)==0)
                {
                    flagp=0;
                    break;
                }
            }
            flagq=1;
            for(j=2;j<=(int)(floor(sqrt((double)(q))));j++)
            {
                if((q%j)==0)
                {
                    flagq=0;
                    break;
                }
            }
        }while(flagp*flagq==0);
        printf(" %d= %d+ %d\n,"n,p,q);
    }
}
```

程序运行结果如下：

```
RUN
please input n : 8
```

```
8 = 3 + 5
RUN
please input n:98
98 = 19 + 79
RUN
please input n : 9
input data error!
```

本章小结

本章首先介绍了程序的基础——算法的简单描述方法，然后介绍了常用的输入与输出语句。输入与输出是每个程序必备的环节。

不管多么复杂的程序都是由三种基本的程序结构顺序结构、选择结构、循环结构所组成的。程序设计的目的是解决日常生活中的各种问题，我们要先将具体问题抽象成计算机语句描述的解题步骤，只有充分利用好三种基本程序结构，同时掌握 break、continue 等程序控制语句，才能很好地设计出我们想要的程序。

习题三

一、选择题

1. 在 C 语言中，假定所有变量均已正确说明，下列程序段运行后 x 的值是（　　）。

```
a = b = c = 0;x = 56;
if(! a) x = 4;
else x = 5;
```

(A) 56　　(B) 4　　(C) 55　　(D) 5

2. 在 C 语言中，若要求在 if 后一对圆括号中表示 a 不等于 0 的关系，则能正确表示这一关系的表达式为（　　）。

(A) a=0　　(B) a>0　　(C) a<0　　(D) a

3. 在 C 语言中，与语句“while(! x)”等价的语句是（　　）。

(A) while (x==0)　　(B) while (x! =0)

(C) while (x! =1)　　(D) while (～x)

4. 在 C 语言中，当 do-while 语句中的条件为（　　）时，结束该循环。

(A) 0　　(B) 1　　(C) true　　(D) 非 0

5. 在 C 语言中，若 i=3，则语句 while (i) { i--; break;}的循环次数为（　　）。

(A) 0　　(B) 1　　(C) 2　　(D) 3

6. 在 C 语言中，执行语句 for (j=1; j<=4; ++j);后，变量 j 的值是（　　）。

(A) 3　　(B) 4　　(C) 5　　(D) 不定

7. 在 C 语言中，若 i,j 已定义为 int 类型，且内循环体不改变 i,j 的值，则以下程序段中内循环体的总的执行次数是(　　)。

```
for (i = 5;i;i -- )
  for(j = 0;j<4;j ++ ){…}
```

(A) 20　　(B) 25　　(C) 24　　(D) 30

8. 在 C 语言中,以下的 for 循环(　　)。

```
for(x = 0,y = 0; (y!= 123)&&(x<4); x + + );
```

(A) 无限循环　　(B) 次数不定　　(C) 执行 4 次　　(D) 0 次

9. 在 C 语言中,执行下面程序段的结果是(　　)。

```
int x = 13;
do
{ printf(" %2d", -- x);}
while(! x);
```

(A) 打印出 212　　(B) 打印出 12

(C) 不打印任何内容　　(D) 陷入死循环

10. 下列关于 switch 语句和 break 语句的结论中,只有(　　)是正确的。

(A) break 语句是 switch 语句的一部分

(B) 在 switch 语句中可以根据需要使用或不使用 break 语句

(C) 在 switch 语句中必须使用 break 语句

(D) 其他三个结论中有两个是正确的

二、填空题

1. 以下程序求[10,1000]之间能被 3、5 或 8 整除的数之和。请将程序补充完整,给出正确程序运行结果,填入相应窗口。

```
#include <stdio.h>
#include <math.h>
main()
{
____________
long sum;
sum = 0;
for ( i = 10;i< = 1000;i ++ )
{  if ( ____________ )
     sum += i;
  }
printf(" %ld\n",sum);
}
```

2. 若某个整数 N 的所有因子之和等于 N 的倍数,则称 N 为多因子完备数。例如,28 是多因子完备数。因为 1+2+4+7+14+28=56=28 * 2,求:[10,800]间有多少个多因子完备数,将下列程序补充完整,正确结果填入相应窗口。

程序：

```
#include <stdio.h>
#include <math.h>
main()
{
int a,b,c,n,count = 0;
  for (a = 10; a< = 800; a ++)
   {
    ____________
     for (c = 1;c< = a;c ++)
        if (a % c  == 0)
          b = b + c;
        if (b % a == 0)
         {
            ____________
         }
    }
  printf("\n count  =  % d",count);
}
```

3. 已知斐波那契数列：1,1,2,3,5,8,…,它可由下面公式表述：

F(1)=1　　　　　　　　if　n=1

F(2)=1　　　　　　　　if　n=2

F(n)=F(n−1)+F(n−2)　　if　n>2

以下程序是求 F(30)，请将程序补充完整，并给出正确结果，填入相应窗口。

程序：

```
#include <math.h>
#include <stdio.h>
main()
{
  double f1,f2;
  int i;
____________
  f2 = 1;
  for (____________)
  {
   f1 = f1 + f2;
   f2 = f2 + f1;
  }
   printf("\n the number is : % 12.0lf",f2);
}
```

4. 下列程序的功能是求出以下分数序列的前 35 项之和：

2/1,3/2,5/3,8/5,13/8,21/13,…

请改正程序中的错误，并运行修改后的程序，给出程序结果(按四舍五入保留 6 位小数)。

程序：

```
#include <conio.h>
#include <stdio.h>
main()
{
    long a,b,c,k;
    double s;
    s = 0.0;
    a = 2;
    b = 1;
    for(k = 1; k< = 30; k++)
    {
        s = s + (double)a/b;
        c = a;
        a = a + b;
        b = c;
    }
    printf("\n 结果: %lf\n", s);
}
```

5. 已知 24 有 8 个因子 1,2,3,4,6,8,12,24，而 24 正好被 8 整除。下面程序求[50,250]之间有多少个整数能被其因子的个数整除，请修改程序中的错误，使它能得出正确的结果，并给出正确结果，填入相应窗口。

程序：

```
#include <conio.h>
#include <stdio.h>
#include <math.h>
main()
{
    int a,b,c,n,count = 0;
    for (a = 50; a< = 250; a++)
    {
        b = 0;
        for (c = 1; c< = a; c++)
            if (a%c == 0)
                b+= 1;
        if (a%b == 0)
```

```
            count = count + a;
        }
    printf("\n count =  %d",count);
    }
```

三、编程题

1. 请编写代码求 500 以内的所有的素数之和。

2. 求四位的奇数中，每位数字之和是 30 的倍数的数的累加和。

3. 用一元纸币兑换一分、两分和五分的硬币，要求兑换硬币的总数为 50 枚，问共有多少种换法(注：在兑换中一分、两分或五分的硬币数可以为 0 枚)？

4. 一球从 100 米高度自由落下，每次落地后反跳回原高度的一半，再落下，求它在第 12 次落地时，第 12 次反弹多高？按四舍五入的方法精确到小数点后面四位。

5. 所谓回文数是从左至右与从右至左读起来都是一样的数字，如：121。编一个程序，求出在 300～900 的范围内回文数的个数。

6. 已知 $S=2+(2+4)+(2+4+6)+(2+4+6+8)+\cdots$，求 $S\leqslant 10\,000$ 的最大值 S。

第4章 函 数

通过前面几章的学习,同学们已经能够编写一些简单的程序了。前面各章的示例程序中大都只有一个主函数 main(),如果程序的功能比较复杂、规模较大,将所有的功能代码都写在一个主函数中,会使得这个主函数非常复杂,而且结构混乱,头绪不清。另外,在编程实践中,会有很多基本功能会被不断调用,每次重复编写实现这些基本功能的代码会使程序非常冗长,也容易出错。因此,如果能像组装一台电脑一样,用事先生产好的各类部件(如显示屏、硬盘、电源、网卡等)可以很快就能完成一台电脑的生产。程序设计行业也汲取了硬件生产的思想,就是所谓模块化程序设计的思路。其基本思想是事先编写好一批实现一些常见功能的模块程序,例如:用 sqrt 模块实现求一个数的平方根,用 abs 模块求一个数的绝对值。采用了模块化的程序结构,使程序的层次结构清晰,便于程序的编写、阅读、调试。

4.1 概 述

C 语言中,实现模块化程序设计的基本模块就是函数。实际上,“函数”的英文 function 的意思既是函数,也是功能,所以我们可以这样理解函数,即对一段完成某种功能的程序起一个容易记住的名称,也就函数名,便于在其他程序中调用。函数是 C 源程序的基本模块,通过对函数模块的调用实现特定的功能。在设计一个较大的程序时,往往将程序划分为若干个相对独立的功能模块,每个模块由一个或多个函数组成,实现一个特定的功能。一个完整的 C 程序由一个 main 函数和若干个其他函数构成。main 函数是主函数,它可以调用其他函数,而不允许被其他函数调用。其他函数之间可以相互调用,同一个函数可以被其他函数调用任意多次。因此,C 程序的执行总是从 main 函数开始,完成对其他函数的调用后再返回到 main 函数,最后由 main 函数结束整个程序。一个 C 源程序必须有,也只能有一个主函数 main。图 4.1 是一个 C 语言中以函数调用为基础的模块化程序设计示意图。

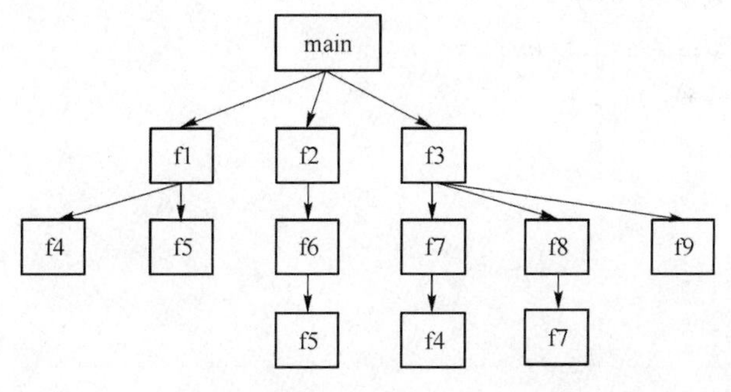

图 4.1 模块化程序设计示意图

C语言中的函数可以分为两部分,一部分是C编译器提供的事先编译好的一些最基本的功能函数,即所谓库函数。我们可以在程序中直接调用这些库函数,而不需要再编写。C语言提供了极为丰富的库函数,这些库函数又可从功能角度大致可以分为:字符类型分类函数;转换函数;目录路径函数;诊断函数;图形函数;输入/输出函数;接口函数;字符串函数;内存管理函数;数学函数;日期和时间函数;进程控制函数;其他函数。这些库函数不仅数量多,而且有的还需要硬件知识才会使用,因此应首先掌握一些最基本、最常用的函数,再逐步深入。

库函数所能提供的功能毕竟有限,为了实现各类复杂的应用,C语言不仅提供了极为丰富的库函数,还允许用户建立自己定义的函数。用户可把自己的算法编成一个个相对独立的函数模块,然后用调用的方法来使用函数。可以说C程序的全部工作都是由各式各样的函数完成的,所以也把C语言称为函数式语言。

例 4.1 用函数调用实现在屏幕上输出下面的图形。

```
*
* *
* * * *
* * * * * * * *
* * * * * * * * * * * * * * * *
* * * * * * * * * * * * * * * * * * * * * * * * * * * * * * * *
```

【分析】上面的图形中每行输出的星号(*)的数量恰好是2的幂,我们可以直接调用库函数中的数学类函数pow求出。对于每一行都有一个输出给定数量的星号(*)的功能需要实现,因此我们可以将这个功能单独编写为一个函数,供主函数调用。

【程序代码】

```
#include <stdio.h>
#include <math.h>   //调用数学类库函数时必须包含的头文件

//自定义函数,在给定的行号上输出一定的*号
void printstar(int n)
{
    //调用库函数 pow 求 2 的 n 次幂,也就是该行的*号的数量
    int startnum = pow(2,n);

    //输出指定数量的*号
    for(int i = 0;i<startnum;i++)
        printf("* ");
    printf("\n");

}

void main()
{
```

```
    for(int k = 0;k<6;k ++ )
      printstar(k); //调用自定义函数输出该行的 * 号
}
```

【运行结果】

```
*
* *
* * * *
* * * * * * * *
* * * * * * * * * * * * * * * *
* * * * * * * * * * * * * * * * * * * * * * * * * * * * * * * *
```

4.2 函数定义

C语言中，与变量一样，函数也必须“先定义，后使用”。函数定义的作用是规范函数的名称、返回值类型、参数的类型与个数。这样，在其他程序调用此函数时才能正确地输入参数并获取返回值。对于C语言提供的库函数，已经由编译系统实现定义好，我们只需直接调用，不用再定义，只需用＃include指令把有关头文件包含到本文件模块中即可。例如，上面例4.1用到的库函数pow，就需要在文件开头写上：

```
#include <math.h>
```

对于库函数中没有的功能，用户只能自己定义需要的功能，也就是所谓自定义函数。按照是否需要主调函数提供输入参数，用户自定义函数可以分为两类：无参函数和有参函数。

4.2.1 无参函数的定义形式

无参函数的定义形式如下：

```
类型标识符 函数名()
{
    函数体
}
```

其中，类型标识符和函数名称为函数头。类型标识符指明本函数的类型，即函数返回值的类型。函数名是由用户定义的标识符，函数名后有一个空括号，其中无参数，但括号不可少。

花括号{}中的内容称为函数体。在函数体中的声明部分，是对函数体内部所用到的变量的类型说明。

在很多情况下都不要求无参函数有返回值，此时函数类型符为void。

例4.2 编写一个简单的无参函数定义：

```
void PrintStar()
{
    printf ("* * * * * * * * *");
}
```

PrintStar函数是一个无参函数，当被其他函数调用时，输出字符串“* * * * * * * * *”，不需要给调用者返回一个数值，因此其函数类型为void。

4.2.2 有参函数的定义形式

有参函数的定义形式如下：

```
类型标识符 函数名(形式参数表列)
{
    函数体
}
```

有参函数比无参函数多了一个内容，即形式参数表列。在形参表中给出的参数称为形式参数，它们可以是各种类型的变量，各参数之间用逗号间隔。在进行函数调用时，主调函数将赋予这些形式参数实际的值。形参既然是变量，必须在形参表中给出形参的类型说明。

例 4.3 定义一个函数，用于求两个数中的大数。

```
int max(int a, int b)
{
    int temp;  //声明部分
    temp = b;  //语句部分
    if (a>b)
        temp = a;
    return temp;
}
```

第一行说明 max 函数是一个整型函数，其返回的函数值是一个整数。形参为整型变量 a 和 b。形参 a 和 b 的具体值由主调函数在调用时传送过来的。在花括号{}中的函数体内，先声明一个整型的临时变量 temp。语句部分，优先假定 b 较大，将 b 的值赋值给 temp，然后比较 a 和 b 的大小，如果 a 较大，就将 a 的值赋值给 temp，这样，temp 中保存的就是两者中较大的值。最后，return 语句是把 temp 的值作为函数的值返回给主调函数，也就是将 a 和 b 中较大的值返回给主调函数。

4.2.3 函数的返回值

函数的返回值是指函数被调用之后，执行函数体中的程序段所取得的并返回给主调函数的值。例如，上述例 4.2 中 max 函数将 a 和 b 中较大值返回给主调函数。按照函数执行后是否返回一个值给主调函数，函数又可以分为无返回值函数和有返回值函数两类。

(1) 无返回值函数

无返回值函数需要明确定义为空类型，类型说明符为 void。例如，例 4.2 中的函数 PrintStar 并不向主函数返函数值，所以定义为空类型。一旦函数被定义为空类型后，就不能在主调函数中使用被调函数的函数值了。例如，在定义 PrintStar 为空类型后，在主函数中写语句 K=PrintStar();时就会发生错误。为了使程序有良好的可读性并减少出错，凡不要求返回值的函数都应定义为空类型。

(2) 有返回值函数

有返回值函数常用在表达式中，必须用 return 语句返回一个具体的值给调用它的函数。

return 语句的一般形式为：

```
return 表达式;
```

也可以写成：

```
return (表达式);
```

有关函数的返回值有几点需要特别注意的地方：

(1) 有返回值函数中至少应有一个 return 语句，允许有多个 return 语句，但每次调用只会有一个 return 语句被执行，一旦一个 return 语句被执行，就会退出函数。因此，每一次函数调用只能返回一个函数值。

(2) 函数值的类型和函数定义中函数的类型应保持一致。如果两者不一致，则以函数类型为准，自动进行类型转换。

(3) 如函数值为整型，在函数定义时可以省去类型说明。

(4) 不返回函数值的函数，必须明确定义为 void 类型，即空类型。空类型函数可以有 return 语句，但不能返回任何具体的数值。空函数中的 return 语句主要用于在满足某种条件下提前结束函数的执行。

例 4.4　编写一个简单的空类型函数定义。输入参数 n，如果大于 100，函数就返回，不做任何操作，否则打印一行星号。

【程序代码】

```
void PrintStar(int n)
{
    if (n>100)
        return; // 空类型函数不能返回值，但可以提前结束函数
  printf ("* * * * * * * *");
}
```

4.3　调用函数

4.3.1　函数调用的形式

定义函数的目的是为了调用此函数得到想要的结果。C 语言中，函数调用的一般形式为：

函数名(实际参数表列)

实际参数表列中的参数可以是常数、变量或其他构造类型数据及表达式。各实参之间用逗号分隔。对无参函数调用时不用写参数，但圆括号不能省略。按照函数调用在程序中出现的形式和位置划分，可以用以下 3 种方式调用函数。

(1) 函数语句

把函数调用作为一个单独的语句，即在函数调用的一般形式加上分号。函数语句的作用主要是执行一些动作，比如输出或输入，无须返回值。例如：

```
printf ("%d",a);
scanf ("%d",&b);
```

都是以函数语句的方式调用函数。

(2) 函数表达式

函数调用可以出现在另一个表达式中,例如,要调用自定义函数 max 求两个数中较大的一个与 5 的乘积,调用方式为:

```
n= 5 * max(a,b);
```

此时,max(a,b)作为赋值表达式中的一项出现在表达式中。这种方式要求函数返回一个确定的值参与表达式的运算。

(3) 函数实参

函数调用作为另一个函数调用时的实际参数出现。这种情况是把该函数的返回值作为实参进行传送,因此要求该函数必须是有返回值的。例如:

```
n = max(a,max(b,c));
```

其中,max(b,c)是一次函数调用,其返回值作为另一个 max 调用的实际参数。经过赋值后,n 的值是 a、b、c 三者中最大的一个。

【注意】

(1) 调用函数时只有作为一个单独的语句时才需要在函数调用后添加分号。出现在表达式中或作为别的函数的实参出现时,函数调用本身都不能添加分号。例如:

```
n = max(a,max(b,c););      //错误! max(b,c)后多了一个分号
```

(2) 对无参函数调用时不用写参数,但圆括号不能省略。

4.3.2 形式参数和实际参数

在调用有参数的函数时,主调函数和被调用的函数直接需要进行数据传递。前面已经介绍过,在函数定义时,函数名后面括号中的变量称为"形式参数"(简称"形参"),而在主调函数中调用一个函数时,函数名后面括号中的参数称为"实际参数"(简称"实参")。形参出现在函数定义中,在整个函数体内都可以使用,离开该函数则不能使用。实参出现在主调函数中,进入被调函数后,实参变量也不能使用。形参和实参的功能是数据传送,发生函数调用时,主调函数把实参的值传递给被调函数的形参,或者说是形参从实参那里得到一个值,实现主调函数向被调函数的数据传送。

例 4.5 输入两个整数,并输出较大的数模 3 的余数。

【分析】首先找到两个整数中较大的一个,算法已经多次讨论,非常简单。求取倒数可以在主调函数中实现。

【程序代码】

```
#include <stdio.h>
//main 函数调用 max 函数,然后求其返回值模 3 的余数并输出
void main()
{
        int max(int a,int b);  //对 max 函数原型的说明(下面小节介绍)
        int i,j,k;
        i = 13;j = 76;
        k = max(i,j) % 3;        //调用 max 函数,i,j 为实参
        printf("最大值 %d 模 3 的余数是:%d\n",max(i,j),k);
```

```
}
// 定义 max 函数,此时 a 和 b 都是虚拟的,没有具体的存储空间
int max(int a,int b)
{
    if(a>b)
        return (a);
    else
      return (b);
}
```

【运行结果】

```
最大值 76 模3的余数是:1
```

函数的形参和实参具有以下特点。

(1) 形参变量只有在被调用时才临时分配内存单元,在调用结束时,即刻释放所分配的内存单元。因此,形参只有在函数内部有效。函数调用结束返回主调函数后则不能再使用该形参变量。例 4.4 中,主函数 main 调用 max 函数,i,j 是实参。函数调用时首先为 max 的两个形参 a 和 b 在内存中临时申请两个整数存储空间,然后将实参 i 的值赋给形参 a,将实参 j 的值赋给形参 b,接着开始执行 max 函数内部的代码,执行完毕返回一个值给 main 函数。图 4.2 是例 4.4 中形参和实参的内存空间示意图。

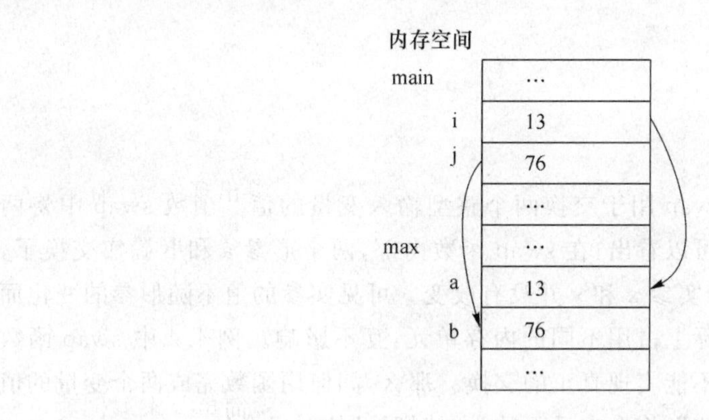

图 4.2　形参和实参的参数传递示意图

(2) 实参可以是常量、变量、表达式、函数等,无论实参是何种类型的量,在进行函数调用时,它们都必须具有确定的值,以便把这些值传送给形参。因此应预先用赋值、输入等办法使实参获得确定值。

(3) 实参和形参在数量、类型和顺序上必须严格一致,否则会发生“类型不匹配”的错误。若形参与实参类型不一致,自动按形参类型转换。

(4) 函数调用中数据的传递是单向的,即只能把实参的值传递给形参,而不能把形参的值反向传递给实参。换句话说,形参值的改变不影响实参的值。

例 4.6　编写一个交换两个变量的值的函数 swap,并在 main 函数中调用此函数交换两个变量的值。

【程序代码】

```
#include <stdio.h>
void swap(int a,int b)
{   int temp;
    printf("在 swap 函数中交换前:\n");
    printf("a = %d,\tb = %d\n",a,b);
    temp = a; a = b; b = temp;  //交换两个形参的值
    printf("在 swap 函数中交换后:\n");
    printf("a = %d,\tb = %d\n",a,b);
}
void main()
{   int x = 17,y = 33 ;
    printf("主函数中,交换前:\n");
    printf("x = %d,\ty = %d\n",x,y);
    swap(x,y); //将实参 x,y 的值传递给 swap 函数的两个形参,并交换
    printf("主函数中,交换后:\n");
    printf("x = %d,\ty = %d\n",x,y);
}
```

【运行结果】

```
交换前:
主函数: x=17,    y=33
swap函数:a=17,   b=33
交换后:
swap函数:a=33,   b=17
主函数: x=17,    y=33
```

本程序中定义了一个函数 swap 用于交换两个整型输入变量的值。函数 swap 中将两个形参的值进行了交换,并输出。可以看出,在 swap 函数内部,两个形参 a 和 b 确实交换了,但是在主函数中为形参赋值的两个实参 x 和 y 并没有改变。可见实参的值不随形参的变化而变化,其根本原因是形参和实参实际上占用不同的内存单元,互不影响。例 4.4 中 swap 函数的参数传递方法称为"传值法",并不能实现真正的交换。那么,如何用函数完成两个变量的值的交换呢?这就要用到所谓"传址法",将会在后面的学习"指针"的时候介绍。

4.3.3 被调用函数的声明和函数原型

在 C 程序中,一个函数的定义既可放在主函数 main 之前,也可放在 main 之后。但是,在主调函数中调用某函数之前应对被调函数进行说明(声明),其目的是让编译系统知道被调函数返回值的类型,以便在主调函数中按此种类型对返回值作相应的处理。对被调函数进行说明(声明)称为函数原型,其一般形式为:

类型说明符 被调函数名(类型 形参,类型 形参…);

括号内给出了形参的类型和形参名。由于编译系统只关心被调函数的参数列表的参数顺序和参数类型,对形参名称并不关心。因此,函数原型中也可以只给出形参类型,省略形参名称。省略形参的函数原型一般形式为:

类型说明符 被调函数名(类型,类型…);

例4.4中main函数内部对max函数的说明为:

```
int max(int a,int b);
```

也写为:

```
int max(int,int);
```

【注意】

一般情况下,特别是主调函数和被调函数不在一个文件内,或者被调函数的定义位于主调函数的定义之后,要求在主调函数中给出被调函数的原型。不过,C语言中又规定在以下几种情况下可以省去主调函数中对被调函数的函数说明。

(1) 对库函数的调用不需要再作说明,但必须把该函数的头文件用 #include 命令包含在源文件前部。

(2) 如果被调函数的返回值是整型或字符型时,可以不对被调函数作说明,而直接调用。这时系统将自动对被调函数返回值按整型处理。例8.2的主函数中未对函数s作说明而直接调用即属此种情形。

(3) 当被调函数的函数定义出现在主调函数之前时,在主调函数中也可以不对被调函数再作说明而直接调用。例如,例4.4中,函数swap的定义放在main函数之前,因此可在main函数中省去对swap函数的函数说明int max(int a,int b)。

(4) 如在所有函数定义之前,在函数外预先说明了各个函数的类型,则在以后的各主调函数中,可不再对被调函数作说明。

例4.7 函数原型和函数调用示例。

```
swap(int a,int b);
void PrintNum(float);
main()
{   ……
    swap(3,6);
    PrintNum
}
swap(int a,int b);
{
    ……
}
void PrintNum(float b);
{
    ……
}
```

例4.7中第1、2行对swap函数和PrintNum函数预先作了说明。其中,swap函数的原型是完整的,而PrintNum函数的原型省略了形参a,参数列表中仅写明参数的类型,这都是正确的函数声明方法。因为在整个文件的前面声明了所有自定义函数的原型,在以后各函数中无须对swap和PrintNum函数再作说明就可直接调用。

4.4 函数的嵌套调用

C语言中函数与函数之间都是互相独立的,不能嵌套定义,也就是说一个函数定义的内部不能定义另外的函数。与之相反,函数调用的时候允许嵌套调用。所谓函数的嵌套调用指的是一个函数调用另一个函数,而被调用的这个函数又再调用其他函数。例如,在调用A函数的过程中,可以调用B函数,在调用B函数的过程中,还可以调用C函数……当C函数调用结束后,返回B函数,当B函数调用结束后,再返回A函数。下面的我们用一个程序说明函数嵌套调用的过程。

例4.8 求1到整数N的K次方的累加和。

【程序代码】

```
#include <stdio.h>
int sumPower(int k,int n);
int power(int m,int n);
int main(void)
{
    int total = 0;
    int K = 3;
    int N = 6;
    total = sumPower(K,N);
    printf("从 1 到 %d 的 %d 次方的和为：%d\n",N,K,total);
    return 0;
}
int sumPower(int k,int n)
{
    int i,sum = 0;
    for(i = 1;i< = n;i++)
    {
        sum += power(i,k);
    }
    return sum;
}
int power(int m,int n)
{
    int i,product = 1;
    for(i = 1;i< = n;i++)
    {
        product *= m;
    }
```

```
    return product;
}
```

【运行结果】

```
从1到6的3次方的和为:441
```

例 4.8 中 main 函数调用了 sumPower 函数，在 sumPower 函数中又调用了 power 函数。当 power 函数调用结束后返回 sumPower 函数，当 sumPower 函数调用结束后返回主函数。这里 sumPower 函数对 power 函数的调用就属于嵌套调用。函数的嵌套调用可以有很多层，C 语言对此并没有限制。函数的嵌套调用对程序模块划分中分层结构的重要基础。

4.5　递归函数

C 语言中，一个函数在它的函数体内可以调用它自身，称为递归调用。这种函数称为递归函数。在递归调用中，主调函数又是被调函数，执行递归函数将反复调用其自身，每调用一次就进入新的一层。对于递归的概念，有些初学者不太容易理解，我们以计算一个整数的阶乘的方法为例进行说明。例如，我们要计算整数 12 的阶乘，那么只需知道 11 的阶乘就可以计算出 12 的阶乘，因为：

$$12! = 11! \times 12$$

同理，要计算 11 的阶乘，就要计算 10 的阶乘：

$$11! = 10! \times 11$$

依此类推，如果我们知道 1 的阶乘值就可以计算出 12 和其他任何大于 1 的整数的阶乘值。我们注意到，上面计算 12 的阶乘和 11 的阶乘的表达式是非常相似的。另外，一个赋值表达式右边的一部分与左边形式非常相近，仅数值不同。对应到函数中就是计算逻辑都是一样，仅输入参数不同所得结果不同而已，那么我们就可以编写一个简单的函数不断地用不同的参数调用自己达到计算目的，这就是递归函数的意义所在。下面举例说明递归调用的执行过程。

例 4.9　用递归法计算 n 的阶乘。

【分析】从上面的讨论。我们可以将 n 的阶乘可用下述公式表示：

n! = 1　　　(n = 1)

n × (n - 1)!　　(n>1)

【程序代码】

```
#include <stdio.h>
long recursive(int n)
{   long f;
    if(n == 1)
        f = 1;  // 直接给出结果，不继续递归调用
    else
        f = recursive(n-1) * n; // 这里开始递归调用
    return(f);
}
```

```
main()
{   int n; long y;
    printf("\n请输入一个大于0的整数:\n");
    scanf("%d",&n);
    if(n<1) printf("n<1,无效输入");
    y = recursive (n);
    printf("%d! = %ld",n,y);
}
```

【运行结果】

```
请输入一个大于0的整数: 12
12! = 479001600
```

例4.9程序中的函数recursive是一个递归函数。主函数调用函数recursive后即进入函数recursive执行,如果n<1或n=1时都将结束函数的执行,否则就递归调用recursive函数自身。由于每次递归调用的实参为n-1,即把n-1的值赋予形参n,最后当n-1的值为1时再作递归调用,形参n的值也为1,将使递归终止,然后可逐层退回。求解的过程可以分为两个阶段:第一阶段是"回溯",即将整数n的阶乘表示为整数(n-1)的阶乘和n的乘积,而整数(n-1)的阶乘仍然不知道,还要继续回溯到整数(n-2)的阶乘,依次类推,直到整数1的阶乘。此时整数1的阶乘是已知的,不必继续回溯了。接着进入第二阶段,即"递推",从整数1的阶乘推算出整数2的阶乘,从整数2的阶乘又推算出整数3的阶乘,直到推算出整数n的阶乘值为止。因此,一个递归问题的求解过程都要经历若干步骤才能最后求出返回值。

从上面的分析可以看出,递归过程必须有个结束回溯的条件,上例中n等于1就是递归的结束条件,不再继续进行回溯。如果没有这个结束条件,递归就会无限制地进行下去,显然这不是我们希望的。

下面我们再举例说明该过程。当执行例4.9程序时输入为5,即求5的阶乘时,递归函数执行的基本过程如下:在主函数中调用语句为y=recursive (5),进入recursive函数后,由于n=5, 大于1,故应执行y= recursive (n-1) * n,即y= recursive (5-1) * 5,该语句对recursive作递归调用即recursive (4)。相应地,调用recursive (4)时会执行y= recursive (4-1) * 4, 对recursive作递归调用即recursive (3),进行四次递归调用后,recursive函数形参取得的值变为1,故不再继续递归调用而开始逐层返回主调函数。recursive (1)的函数返回值为1,recursive (2)的返回值为1 * 2=2,recursive (3)的返回值为2 * 3=6,recursive (4)的返回值为6 * 4=24,最后返回值recursive (5)为24 * 5=120。

例4.9中求整数的阶乘的算法用递归的方法编写比较简洁,但也可以不用递归的方法来完成。如用递推法,即从1开始乘以2,再乘以3、4、5等直到n。

例4.10 用递推法计算n的阶乘。

【分析】用递推法计算n的阶乘,也就是应用阶乘的定义求取阶乘。用一个简单的for循环即可实现。

【程序代码】

```
#include <stdio.h>
long fact(int n)
```

```
{ long f;
  int i;
  f = 1;
  for(i = 2;i< = n;i ++)
  {
     f = f * i;
  }
  return(f);
}
main()
{  int n; long y;
   printf("\n请输入一个大于0的整数:\t");
   scanf(" % d",&n);
   if(n<1) printf("n<1,无效输入");
   y = fact (n);
   printf(" % d! =  % ld\n",n,y);
}
```

【运行结果】

```
请输入一个大于0的整数: 12
12! = 479001600
```

递推法比递归法更容易理解和实现。但是有些问题则只能用递归算法才能实现,典型的问题如汉诺塔(Hanoi)问题。

例 4.11 用递归法求解汉诺塔问题。如图 4.3 所示,一块板上有三根小圆柱 A、B 和 C。其中,A 柱上套有 n 个大小不等的圆盘(图中以 4 个为例),大的在下,小的在上。要把这 n 个圆盘从 A 柱移动到 C 柱上,每次只能移动一个圆盘,移动可以借助 B 柱进行。但在任何时候,任何圆柱上的圆盘都必须保持大盘在下,小盘在上。求移动圆盘的步骤。

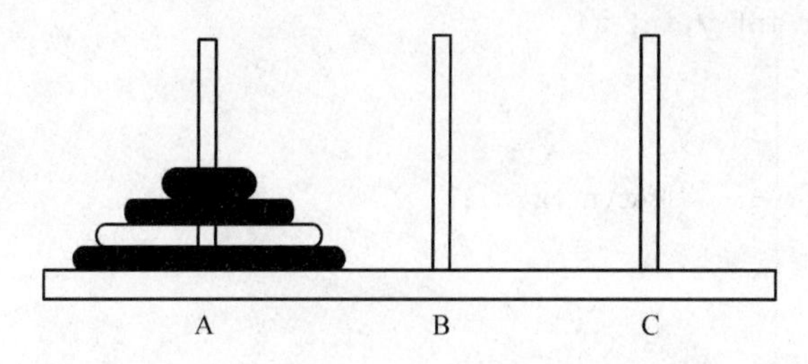

图 4.3 汉诺塔示例

【分析】对一个比较复杂的问题,我们可以从最简单的情况开始分析。首先,假设 A 柱上只有一个圆盘,操作就很简单,将此圆盘从 A 柱直接移动到 C 柱即可。接下来,如果 A 柱上有两个圆盘,就需要稍微仔细地考虑了。因为如果依次将圆盘从 A 柱取出再放入 C 柱,由于 A 柱上小圆盘在上,先取出的小圆盘,会先放入 C 柱,这样会在 C 柱上出现小圆盘在下的情况,不符合题目的要求(注意:圆盘不能放置在非圆柱的地方)。为避免出现这种情况,我们可以借助目前尚未使用的B柱来完成这个操作。移动步骤为：第一步从A柱取出上面的小圆盘放入B柱，然后取出A柱剩下的大圆盘放入C柱，接着将B柱上暂时保存的小圆盘取出放入C柱。至此，我们知道了如何将大盘在下、小盘在上的两个圆盘整体移动到另一个圆柱上的方法了。接下来，考虑移动三个圆盘的问题。我们可以这样设想，首先将A柱上除最下面的圆盘外的两个圆盘先整体移动到B柱，再将A柱最大的圆盘移入C柱，最后将B柱上两个圆盘整体移动C柱，这样三个圆盘就完全移入C柱。很明显，在移动三个圆盘的过程中，最关键的问题是如何将按要求叠放的两个圆盘整体移入另一个非目标圆柱暂时保存，而这个问题在考虑两个圆盘移动的问题时已经解决了。移动三个圆盘的步骤如下。

(1) 将A柱上的2个圆盘借助C柱整体移到B柱上，具体步骤如下：

① 将A柱上的1个圆盘移到C柱上；

② 将A柱上的1个圆盘移到B柱上；

③ 将C柱上的1个圆盘移到B柱上。

(2) 将A柱上的一个圆盘移到C。

(3) 将B柱上的2个圆盘借助A柱整体移到C柱上，具体步骤如下：

① 将B上的1个圆盘移到A；

② 将B上的1个盘子移到C；

③ 将A上的1个圆盘移到C。

从上面的过程可以看出，只要知道了整体移动两个圆盘的过程，就可以推导出三个圆盘的整体移动过程。同理，知道了三个圆盘的整体移动过程，也可以很容易地推导出四个圆盘的移动过程。因为，当n大于等于2时，移动的过程可分解为三个步骤：

(1) 把A柱上的n—1个圆盘整体移到B柱上；

(2) 把A柱上的1个圆盘移到C柱上；

(3) 把B柱上的n—1个圆盘整体移到C柱上；

其中第1步和第2步是类似的。显然这是一个典型的递归过程。

【程序代码】

```
#include <stdio.h>
move(int n,int x,int y,int z)
{
    if(n==1)
      printf("%c-->%c\n",x,z);
    else
    {
      move(n-1,x,z,y);
      printf("%c-->%c\n",x,z);
      move(n-1,y,x,z);
    }
}
main()
{
```

```
    int h;
    printf("\ninput number:\n");
    scanf("%d",&h);
    printf("the step to moving %2d diskes:\n",h);
    move(h,'a','b','c');
}
```

【运行结果】

```
input number:   3
the step to moving  3 diskes:
a-->c
a-->b
c-->b
a-->c
b-->a
b-->c
a-->c
```

从程序中可以看出,move 函数是一个递归函数,它有四个形参 n、x、y、z。其中,n 表示圆盘数,x、y、z 分别表示三根针。move 函数的功能是把 x 上的 n 个圆盘移动到 z 上。当 n 等于1 时,直接把 x 上的圆盘移至 z 上,输出 x→z。如 n 大于 1 则分为三步:递归调用 move 函数,把 n－1 个圆盘从 x 移到 y;输出 x→z;递归调用 move 函数,把 n－1 个圆盘从 y 移到 z。在递归调用过程中 n＝n－1,故 n 的值逐次递减,最后 n＝1 时,终止递归,逐层返回。大家可以试试修改输入参数,测试一下得到的结果与实际操作是否有差别。

4.6 局部变量和全局变量

在讨论函数的形参变量时曾经提到,形参变量只在被调用期间才分配内存单元,调用结束立即释放。这一点表明形参变量只有在函数内才是有效的,离开该函数就不能再使用了。这种变量有效性的范围称为变量的作用域。不仅对于形参变量,C 语言中所有的量都有自己的作用域。变量说明的方式不同,其作用域也不同。

依据变量声明的位置不同,可以分为三种不同的情况:

(1) 在函数的开头声明;

(2) 在函数的某个复合语句(比如 for 循环或 while 循环语句等)声明;

(3) 在函数的外面声明。

第(1)、(2)两种情况下声明的变量其作用域仅限于函数或复合语句内,离开定义它的函数或复合语句后就不能再使用这个变量。这种方式声明的变量称为局部变量,也称为内部变量。特别地,函数的参数也是只限于函数内使用的局部变量。与之对应,第(3)种情况下声明的变量可以在变量声明之后的所有函数中使用,称为全局变量,也称为外部变量。

4.6.1 局部变量

局部变量的作用域仅限于函数或复合语句内,也就是说只能在声明它们的函数或复合语句内引用，在此之外的范围内是不能使用这些变量的。另外，如果声明局部变量的位置不在函数或复合语句的开头部分，那么就只能在声明变量的语句之后的部分引用它们。

我们以如下方式定义的变量为例进行说明。

```
int fun1(int n)                    /* 函数 fun1 */
{
    int a,b;
    …
    float c;
    …
}
int fun2(int n)                    /* 函数 fun2 */
{
    int x,y;
    …
    for(int i = 0;i<5;i++)
        x = x + 1 ;
    …
}
main()                             /* 主函数 */
{
int m,n;
…
}
```

在函数 fun1 内定义了四个变量，n 为形参，a、b、c 为普通变量。a 和 b 在函数开头被声明，那么在 fun1 的整个范围内 n、a、b 有效，或者说 n、a、b 变量的作用域限于 fun1 内。变量 c 在函数的中间声明，其作用域从其被声明的地方开始，到函数结束为止的范围内有效。同理，n、x、y 的作用域限于 fun2 内。值得注意的是，fun2 函数中 for 循环语句内声明的变量 i，只在 for 循环语句中有效，在 for 循环语句之后的范围是不能使用的。main 函数中定义 m、n 的作用域仅限于 main 函数内。

关于局部变量的作用域，需要特别强调以下几点。

(1) 主函数中定义的变量也只能在主函数中使用，不能在其他函数中使用。同时，主函数中也不能使用其他函数中定义的变量。因为主函数也是一个函数，它与其他函数是平行关系。这一点是与其他语言不同的，应予以注意。

(2) 形参变量是属于被调函数的局部变量，实参变量是属于主调函数的局部变量。

(3) 允许在不同的函数中使用相同的变量名，它们代表不同的对象，分配不同的单元，互不干扰，也不会发生混淆。如在前例中，形参和实参的变量名都为 n，是完全允许的。

(4) 在复合语句中也可定义变量，其作用域只在复合语句范围内，从变量声明的地方开始到复合语句结束为止。如函数 fun1 中变量 c 在函数的中间声明，其作用域从其被声明的地方开始，到函数结束为止的范围内有效。

例 4.12　局部变量的作用域。

【程序代码】

```
#include <stdio.h>
void fun1(int a)            /* 函数 fun1 */
{
    int b = 0;
    printf("start of fun1: a = %d,b = %d\n",a,b);
    a = a + 5 ;
    b = a * a ;
    printf("end of fun1: a = %d,b = %d\n",a,b);
}

void main()
{
    int a = 3,b = 7;
    printf("start of main: a = %d,b = %d\n",a,b);
    fun1(a);
    printf("end of main: a = %d,b = %d\n",a,b);
}
```

【运行结果】

```
start of main: a=3,b=7
start of fun1: a=3,b=0
end of fun1: a=8,b=64
end of main: a=3,b=7
```

例 4.12 中 main 函数中定义了 a、b 两个变量。函数 fun1 定义了一个形参,函数内又定义了一个变量。为了说明问题,我们特意让 fun1 的形参和变量名称与 main 函数内变量的名称相同,也为 a 和 b。应该注意,这两个 a 不是同一个变量,两个 b 也不是同一个变量。在 main 函数调用 fun1 之前,main 的变量 a、b 被分别赋给初值 3 和 7。调用 fun1 时,实参 a 将值传递给 fun1 的形参 a,此时编译系统为形参 a 申请一个临时存储空间,也就是另一个局部变量。因此,尽管实参 a 和形参 a 的名称相同,它们实际上是不同的两个变量,传值后就互不影响了。同样,fun1 内声明的变量 b 和 main 函数内声明的变量 b 都仅在各自的函数内有效,两者互不影响。另外,从运行结果可以看出函数调用时的执行顺序,同学们要好好体会。

4.6.2　全局变量

C 程序的编译单位是源程序文件,一个源文件可以包含一个或多个函数。在函数内部声明的变量是局部变量,与之对应,在所有函数外部定义的变量就是全局变量,也称为外部变量。全局变量不属于哪一个函数,它属于一个源程序文件,其作用域是整个源程序。在函数中使用全局变量,一般应作全局变量说明。只有在函数内经过说明的全局变量才能使用。全局变量的说明符为 extern。但在一个函数之前定义的全局变量,在该函数内使用可不再加以说明。

例如：

```
int a,b;                /* 外部变量 */
void fun1()             /* 函数 fun1 */
{
  …
}
float x,y;              /* 外部变量 */
int fun2()              /* 函数 fun2 */
{
  …
}
main()                  /* 主函数 */
{
  …
}
```

从上面的示例代码可以看出变量 a、b、x、y 都是在函数外部定义的变量，都是全局变量，但 x、y 定义在函数 fun1 之后，而在 fun1 内又无对 x、y 的说明，所以它们在函数 fun1 内无效。在函数 fun1 中要使用 x、y 就必须在函数 fun1 内用 extern 声明 x、y 变量，告诉编译系统 x、y 是外部定义的变量。全局变量 a、b 定义在源程序最前面，因此在函数 fun1 和 fun2 及 main 内都可以不加说明地使用。

例 4.13 输入任意三角形的三个边长，求三角形的面积。

【分析】任意三角形的面积公式为：

$$\begin{cases} l=(a+b+c)/2 \\ S=\sqrt{l*(l-a)*(l-b)*(l-c)} \end{cases}$$

其中，公式中 a、b、c 是三角形的三个边长，S 是求得的三角形面积。在计算三角形面积之前需要验证三个边长是否满足条件，即三角形中任意两条边的长度之和大于第三边。为了讨论全局变量，我们特意将 a、b、c 三个变量设为全局变量。

【程序代码】

```
#include <stdio.h>
#include <math.h>
double a,b,c;
double area()       //
{
    double L,S;
    if(a+b<c || a+c<b || b+c<a)
        return (-1.0);
    L= (a+b+c)/2;
    S = L;
    S *= (L-a); S *= (L-b); S *= (L-c);
```

```
    S = sqrt(S);
    return S;
}
void main()
{
    double S1,S2,S3;
    a = 3; b = 4; c = 5;
    S1 = area();
    a = 8; b = 9; c = 12;
    S2 = area();
    a = 2; b = 6; c = 19;
    S3 = area(); //返回值为-1表示不满足三角形条件
    printf("S1 = %6.2lf\n",S1);
    printf("S2 = %6.2lf\n",S2);
    printf("S3 = %6.2lf\n",S3);
}
```

【运行结果】

```
S1 =   6.00
S2 =  36.00
S3 =  -1.00
```

例4.13中，变量a、b、c声明在文件的开头部分，位于main函数和area函数的外面，所以它们都是全局变量，在整个源文件范围内有效。在main函数和area函数中都可以不加说明地使用这三个全局变量。可以看出，全局变量a、b、c在这里担当了数据传递的角色，因此area函数并没有带任何参数，在函数内直接使用全局变量进行计算。

如果同一个源文件中，全局变量与局部变量同名，则在局部变量的作用范围内，全局变量被"屏蔽"，不起作用。

例4.14　全局部变量被局部变量屏蔽。

【程序代码】

```
#include <stdio.h>
int k;  //声明全局变量k
void printnum1()
{
    int k = 127; //声明局部变量k并赋值
    printf("IN printnum1: k = %d\n",k);
}
void printnum2()
{
    printf("IN printnum2: k = %d\n",k);
}
```

```
void main()
{
    k = 10;  //为全局变量k赋值
    printnum1();
    printnum2();
}
```

【运行结果】

```
IN printnum1: k=127
IN printnum2: k=10
```

例4.14中,在源文件的开头声明了一个全局变量k,并在main函数中对其赋值10。在函数printnum1中,又声明一个同名的局部变量k并赋值为127,那么在函数printnum1中全局变量k就被屏蔽,仅使用局部变量k的值。退出函数printnum1后,其声明的局部变量k也随之消失。因此,接下来调用函数printnum2时,全局变量k又开始起作用,输出的也就是全局变量k的值。

4.7 变量的存储类别

4.7.1 动态存储方式与静态存储方式

前面已经介绍了,变量可以分为全局变量(或外部变量)和局部变量。这是从变量的作用域角度来对变量进行划分的。除此之外,还可以对变量从变量值存在的作用时间(即生存期)角度来分。

变量的存储有两种不同的方式:静态存储方式和动态存储方式。静态存储方式是指在程序运行期间分配固定的存储空间的方式。动态存储方式是在程序运行期间根据需要动态分配存储空间的方式。为了进一步说明问题,我们首先了解一下程序运行时内存中用户区的存储空间。用户存储空间可以分为三个部分:程序区;静态存储区;动态存储区。

程序区用于存放编译好的程序代码,这是程序运行的逻辑代码。数据放在存储区,全局变量全部存放在静态存储区,在程序开始执行时给全局变量分配存储区,程序运行完毕才释放,因此在程序运行的整个周期内,全局变量会占据固定的存储单元,而不动态地进行分配和释放。动态存储区主要用于存放临时变量数据,例如:(a)调用函数时为函数的形式参数申请的临时存储空间;(b) 函数内部声明的非静态变量(即自动变量,未加static声明的局部变量);(c) 函数调用实的现场保护和返回地址。对这些临时变量数据,在函数开始调用时分配动态存储空间,函数结束时就会释放这些空间。值得注意的是,同一个函数被多次调用时,每次为函数内的临时变量分配的存储空间都是不一样的。

4.7.2 变量的存储类别

在C语言中,每个变量都有两个基本属性:数据类型和数据的存储类别。对数据类型同学们已经很熟悉了(如整型、浮点型等)。存储类别是指数据在内存中的存储方式,从大的方面，可以分为动态存储和静态存储方式。具体来说，C语言中存储类别包括4种：自动的（auto）、静态的（static）、寄存器的（register）、外部的（extern）。

1. 自动局部变量(auto)

函数中的局部变量，大都是动态地分配存储空间的临时变量，数据存储在动态存储区中，函数中的形参和在函数中定义的变量，包括在复合语句中定义的变量都属此类。在调用函数时系统会给这些变量在动态存储区分配存储空间，在函数调用结束时就自动释放这些存储空间。这类局部变量称为自动变量，用关键字auto作存储类别的声明。关键字auto可以省略，auto不写则隐含定为"自动存储类别"，属于动态存储方式。因此，在之前的大多数示例程序中，函数内定义的局部变量都是省略了auto关键字的自动局部变量。

例如，下面的函数fun定义中，k是形参，a和b是自动变量，对b赋初值5。执行完fun函数后，自动释放k、a、b所占的存储单元。

```
int fun(int k)          /* 定义 fun 函数,k 为形式参数 */
{
    auto int a,b = 5;    /* 定义自动局部变量 a 和 b,可以省略关键字 auto */
    …
}
```

2. 静态局部变量(static)

有时希望函数中的局部变量的值在函数调用结束后不消失而保留原值，这时就应该指定局部变量为"静态局部变量"，用关键字static进行声明。

例4.15　考察静态局部变量的值。

【程序代码】

```
#include <stdio.h>
void fun()
{   auto int a = 0;
    static int b = 0;
    a = a + 1;   b = b + 1;
    printf("a = %d,b = %d\n",a,b);
}
main()
{   int i;
    for(i = 0;i<5;i ++ )
    fun();
}
```

【运行结果】

```
a=1,b=1
a=1,b=2
a=1,b=3
a=1,b=4
a=1,b=5
```

例4.15中，fun函数内变量a和b除了声明的存储类别不一样外，其他的操作都是一样的,数据类型都是整型,运行都是每次加 1。那运行后为什么会出现不同的结果呢? 其关键就是两个变量的存储类别不一样。变量 a 声明为 auto(自动)类型,每次调用 fun 函数的时候,会先为 a 在用户的动态存储区申请一个临时存储空间,赋给一个初值 0,然后再将其值加 1,到 fun 函数结束时,系统会收回 a 的存储空间。下次调用 fun 函数时再重新分配和赋初值。因此,a 的值每次调用都输出为 1。变量 b 的存储类别声明为 static(静态)类型,与自动变量不一样,程序会在第一次调用函数 fun 的时候在静态存储区内为变量 b 分配存储空间,此后再调用 fun 函数时将不再为变量 b 重新分配空间,fun 函数结束时也不会释放变量 b 的空间。与全局变量一样,一旦为静态变量分配空间,一直到程序运行结束(而不是函数调用结束)变量都会存在,因此我们可以看到每次调用 fun 函数时,变量 b 都保持了上一次调用结束时的值,结果就是 b 的值每次都在增加,而 a 的值每次调用时重新赋新值。

下面,我们再总结一下静态局部变量和自动变量的区别。

(1) 静态局部变量属于静态存储类别,在内存所分配存储单元,在程序整个运行期间都不释放。而自动变量(即动态局部变量)属于动态存储类别,占动态存储空间,函数调用结束后即释放。

(2) 静态局部变量在编译时赋初值,即只赋初值一次;而对自动变量赋初值是在函数调用时进行,每调用一次函数重新给一次初值,相当于执行一次赋值语句。

(3) 如果在定义局部变量时不赋初值的话,则对静态局部变量来说,编译时自动赋初值 0(对数值型变量)或空字符(对字符变量)。而对自动变量来说,如果不赋初值则它的值是一个不确定的值。

例 4.16 使用静态变量打印 1～5 的阶乘值。

```
#include <stdio.h>
int fac(int n)
{   static int f = 1;
    f = f * n;
    return(f);
}
main()
{   int i;
    for(i = 1;i< = 5;i ++ )
    printf(" %d!= %d\n",i,fac(i));
}
```

【运行结果】

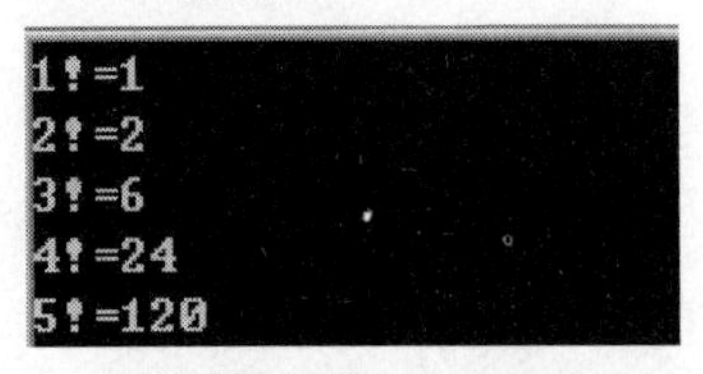

3. 寄存器变量(register)

为了提高效率,C 语言允许将局部变量的值放在 CPU 中的寄存器中,这种变量叫寄存器变量,用关键字 register 作声明。需要说明的是:

（1）只有自动局部变量和形式参数可以作为寄存器变量；

（2）一个计算机系统中的寄存器数目有限，不能定义任意多个寄存器变量；

（3）局部静态变量不能定义为寄存器变量。

例 4.17　使用寄存器变量打印 1～5 的阶乘值。

【程序代码】

```
#include <stdio.h>
int fact(int n)
{   register int i,f = 1;
    for(i = 1;i< = n;i ++ )
        f = f * i;
    return(f);
}
void main()
{   int i;
    for(i = 0;i< = 5;i ++ )
    printf(" %d! = %d\n",i,fact(i));
}
```

【运行结果】

```
0! = 1
1! = 1
2! = 2
3! = 6
4! = 24
5! = 120
```

4.7.3　用 extern 声明外部变量

外部变量（即全局变量）是在函数的外部定义的，它的作用域为从变量定义处开始，到本程序文件的末尾。如果外部变量不在文件的开头定义，其有效的作用范围只限于定义处到文件终了。如果在定义点之前的函数想引用该外部变量，则应该在引用之前用关键字 extern 对该变量作外部变量声明，表示该变量是一个已经定义的外部变量。有了此声明，就可以从声明处起，合法地使用该外部变量。

例 4.18　用 extern 声明外部变量，扩展程序文件中的作用域。

【程序代码】

```
#include <stdio.h>
int add(int x,int y)
{
    return(x + y);
}
void main()
{
```

```
    extern a,b;
    printf(" a = %d\n b = %d\n",a,b);
    printf(" a + b = %d\n",add(a,b));
}
int a = 33,b = -18;
```

【运行结果】

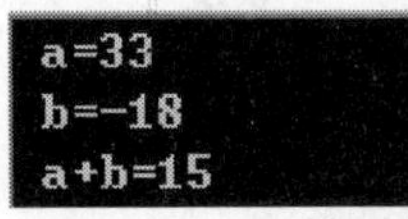

例 4.18 中,在程序文件的最后一行定义了外部变量 a 和 b,但由于外部变量定义的位置在函数 main 之后,因此在 main 函数中不能直接引用外部变量 a 和 b,必须用 extern 对 a 和 b 进行外部变量声明。从声明处起,main 函数就可以合法地使用该外部变量 a 和 b。注意,在 main 函数中对外部变量的声明只在 main 函数范围内有效,如果 add 函数内需要用到外部变量 a 和 b,仍然需要用 extern 对 a 和 b 进行外部变量声明。

4.8 外部函数和内部函数

前面讲解了变量的作用域,那么函数是否有作用域呢?回答是肯定的,函数同样也存在作用域。如果在一个源文件中定义的函数只能被该文件中的函数所调用,而不能被同一程序其他文件中的函数调用,那么我们称之为内部函数,又称静态函数。定义内部函数时,在函数名和函数类型的前面加 static,其定义的一般形式为:

static 函数类型　函数名(参数表)

如果一个函数既可以被同一个源文件中的函数调用,又可以被同一程序其他文件中的函数调用,则称之为外部函数。在定义外部函数时,在函数名和函数类型的前面加关键字 extern,其定义的一般形式为:

extern 函数类型 函数名(参数表)

如果定义函数时没有加关键字 static 或者 extern,那么这种函数默认为外部函数。换句话说,就是外部函数之前的关键字 extern 可以省略。

外部函数和内部函数之间的最大区别莫过于它们的作用范围不同,内部函数的作用范围是它所在的源文件,而外部函数的作用范围则不局限于它所在的源文件。接下来看看下面的代码,通过对下面的例子进行分析来加深对内部函数和外部函数的理解。

例 4.19　用外部函数求两个整数的最大公约数和最小公倍数。

【程序代码】

```
/*******以下代码存放于 file1.c 中*******/
#include <stdio.h>
int main(void)
{
  int m,n,t1,t2;
  extern int gcd(int a,int b);
```

```
    extern int lcm(int a,int b);

    printf("Input two integers:");
    scanf("%d%d",&m,&n);

    t1 = gcd(m,n);
    t2 = lcm(m,n);

    printf("GCD: %d\n",t1);
    printf("LCM: %d\n",t2);
    return 0;
}

/********* 以下代码存放于 file2.c 中 ********/

//求给定两个整数的最大公约数
extern int gcd(int a,int b)
{
    int m;
    if(a<b){
        m = a; a = b; b = m;
    }

    while(b! = 0)
    {
        m = a % b;
        a = b;
        b = m;
    }

    return a;
}

//求给定两个整数的最小公倍数
int lcm(int a,int b)
{
    int gcd_value = gcd(a,b);
    return a * b/gcd_value;
}
```

【运行结果】

```
Input two integers:128 380
GCD: 4
LCM: 12160
```

例 4.19 中,第一次出现两个源文件的情况,需要提示一下同学们。两个源文件都需要添加到工程中才可以正确地运行。在一个工程中添加文件的方法:在打开的 VC 6.0 工程主菜单选择【项目】→【添加到工程…】→【文件】,然后在弹出的选择文件对话框中将源文件 file1.c 和 file2.c 都添加到工程中就可以编译成功。

例 4.19 中主函数 main 中用到求最大公约数的函数 gcd 和求最小公倍数的函数 lcm 都不是在 main 函数所在的源文件 file1 中定义的,但是在 main 函数中用 extern 声明了它们的函数原型,告诉编译系统这两个函数都是在其他文件中定义的。这里注意,之前我们提到,在同一文件中一个函数要调用在它后面定义的函数时也需要声明被调用函数的原型,但是不需要用 extern 关键值,表示这个函数就在同一个源文件中。函数 gcd 和函数 lcm 都在 file2.c 中定义,其中 gcd 函数前添加了关键值 extern,而函数 lcm 前并没有添加 extern,从程序的编译和运行结果看并没有区别,这也就是前面所述外部函数的关键字 extern 可以省略。如果将程序中 gcd 定义前的关键字改为 static,编译时就会出现如下编译错误:

```
file2.c
Linking...
file1.obj : error LNK2001: unresolved external symbol _gcd
Debug/file1.exe : fatal error LNK1120: 1 unresolved externals
Error executing link.exe.

file1.exe - 2 error(s), 0 warning(s)
```

上述编译错误指明 file2.c 中定义的 gcd 函数在 file1.c 中不起作用。

4.9 编译预处理

在前面各章中,已多次使用过以"#"号开头的预处理命令。如包含命令 #include、宏定义命令 #define 等。在源程序中这些命令都放在函数之外,而且一般都放在源文件的前面,它们称为预处理部分。

预处理是 C 语言的一个重要功能,它由预处理程序负责完成。当对一个源文件进行编译时,系统将自动引用预处理程序对源程序中的预处理部分作处理,处理完毕自动进入对源程序的编译。

C 语言提供了多种预处理功能,如宏定义、文件包含、条件编译等。合理地使用预处理功能编写的程序便于阅读、修改、移植和调试,也有利于模块化程序设计。本节介绍常用的几种预处理功能。

4.9.1 宏定义

在 C 语言源程序中允许用一个标识符来表示一个字符串,称为宏。被定义为宏的标识符称为宏名。在编译预处理时,对程序中所有出现的宏名,都用宏定义中的字符串去代换,这称为宏代换或宏展开。一个很典型的例子是在程序中用到圆周率的时候，如果每次都要在用到圆周率的时候都写上3.1415926……不仅不方便，而且在不同的地方极易写错，还不容易发现。一般在程序中都会用一个标识符，比如PI表示圆周率，在所有用到圆周率的地方都用PI替换。这个PI就可以用宏定义实现。

宏定义是由源程序中的宏定义命令完成的。宏代换是由预处理程序自动完成的。在C语言中，宏分为有参数宏和无参数宏两种。下面分别讨论这两种宏的定义和调用。

1. 无参宏定义

无参宏的宏名后不带参数，其定义的一般形式为：

```
#define 标识符 字符串
```

其中，#define表示这是一条宏定义预处理命令。在C源程序中，凡是以#开头的均为预处理命令，这里define为宏定义命令。标识符为所定义的宏名，也就是在编写程序时用到的字符，比如用于表示圆周率的PI。字符串可以是常数、表达式、格式串等，在编译程序对源代码进行预处理的时候会用这个字符串替换所有源代码中出现的其对应的宏标识符，比如用3.1415926替换PI。这里的PI又称为符号常量，常见的无参宏定义就是这种符号常量定义。除此以外，程序中也可以对反复使用的一些表达式进行宏定义。

例4.20 求圆的面积

```
#include <stdio.h>
#define PI 3.1415926
void main(){
  double r,s;
  printf("请输入圆的半径:");
  scanf("%lf",&r);
  s = PI * r * r;
  printf("圆的面积为:%6.2lf\n",s);
}
```

【运行结果】

```
请输入圆的半径:5
圆的面积为: 78.54
```

例4.20中，首先对圆周率进行宏定义，定义字符串PI来替代3.1415926，在求面积语句中作了宏调用。添加宏定义的语句如下：

```
s = PI * r * r;
```

宏展开后该语句变为：

```
s = 3.1415926 * r * r;
```

需要注意的是，在宏定义中常数3.1415926后面不能有分号，否则会发生错误。如当作以下定义后：

```
#define PI 3.1415926;
```

在宏展开时将得到下述语句：

```
s = 3.1415926; * r * r;
```

这是因为宏替换时编译程序只会原样替换，不会检查语法。因此在作宏定义时必须保证在宏代换之后不发生错误。

下面是宏定义时需要特别注意的几点。

(1) 宏定义是用宏名来表示一个字符串，在宏展开时又以该字符串取代宏名，这只是一种简单的代换，字符串中可以含任何字符，可以是常数，也可以是表达式，预处理程序对它不作任何检查。如有错误，只能在编译已被宏展开后的源程序时发现。

(2) 宏定义不是说明或语句，在行末不必加分号，如加上分号则连分号也一起置换。

(3) 宏定义必须写在函数之外，其作用域为从宏定义命令起到源程序结束。如要终止其作用域可使用# undef 命令。

(4) 宏名在源程序中若用引号括起来，则预处理程序不对其作宏代换。宏定义允许嵌套，在宏定义的字符串中可以使用已经定义的宏名。在宏展开时由预处理程序层层代换。

(5) 习惯上宏名用大写字母表示，以便于与变量区别，但也允许用小写字母。

例 4.21 输出圆周率的值。

```
#include <stdio.h>
#define PI 3.1415926
#define PI2 PI*2
#define PI_2 PI/2
void main()
{
    printf("PI = %8.7lf\n",PI);
    printf("PI2 = %8.7lf\n",PI2);
    printf("PI_2 = %8.7lf\n",PI_2);
}
```

【运行结果】

```
PI=3.1415926
PI2=6.2831852
PI_2=1.5707963
```

例 4.21 中定义宏名 PI 表示圆周率 3.1415926，但在 printf 语句中出现的第一个 PI 被引号引起来，因此不作宏代换，当作字符串处理，直接输出。printf 语句中出现的第二个 PI 没有用引号引起来，需要进行宏替换。替换后 printf 语句实际上是：

```
printf("PI = %8.7lf\n",3.1415926);
```

宏名 PI2 和 PI_2 是嵌套的宏定义，在宏定义时使用已经定义的宏名 PI。在宏展开时由预处理程序层层代换，替换后的语句分别是：

```
printf("PI2 = %8.7lf\n",3.1415926*2);
printf("PI_2 = %8.7lf\n",3.1415926/2);
```

2. 带参宏定义

除了上述无参宏定义，C 语言允许定义更加灵活的带有参数的宏。与函数一样，在宏定义中的参数称为形式参数，在宏调用中的参数称为实际参数。对带参数的宏，在调用中，不仅要宏展开，而且要用实参去代换形参。带参宏定义的一般形式为：

```
#define  宏名(形参表)  字符串
```

其中,在字符串中含有各个形参。带参宏调用的一般形式为:

宏名(实参表);

例 4.22 带参数的宏示例。

```
#include <stdio.h>
#define MAX(m,n) (m>n)? m:n          //宏定义,m和n是形参
void main(){
   int x,y,max;
   printf("Input two numbers: ");
   scanf("%d,%d",&x,&y);
   max = MAX(x,y);                   //宏展开,x和y是实参
   printf("max = %d\n",max);
}
```

【运行结果】

```
Input two numbers: 85,69
max=85
```

例4.22中,第2行进行了带参宏定义,用宏名MAX表示条件表达式"(m>n)? m:n",形参m、n均出现在条件表达式中。程序第七行max=MAX(x,y)为宏调用,用实参x和y直接替换宏定义中字符串(m>n)? m:n中的形参m和n,得到(x>y)? x:y。宏展开后得到用于计算x、y中的较大的数的语句:

```
max = (x>y)? x:y;
```

与无参宏定义的宏替换一样,对于带参的宏定义展开时,也是用实参简单替换形参后直接展开,编译程序不会加以检查,因此如果不注意,很容易出现错误。

在进行有参宏定义和展开时有以下问题需要特别注意:

(1) 带参宏定义中,宏名和形参表之间不能有空格出现。

例如,在例4.41中如果MAX的宏定义写为:

```
#define MAX (m,n)  (m>n)? m:n
```

这个宏定义会被认为是一个无参宏定义,即宏名MAX代表字符串(m,n) (m>n)? m:n。宏展开时,宏调用语句:

```
max = MAX(x,y);
```

将变为:

```
max = (m,n) (m>n)? m:n(x,y);
```

这显然是错误的。

(2) 带参宏定义与函数在形式上有些相似,但实质上完全不同。在带参宏定义中,形式参数只是标识符,不必作类型定义,也不分配内存单元,而宏调用中的实参是有具体的值的变量或表达式。在函数中,形参和实参是两个不同的量,各有自己的作用域,调用时要把实参值赋予形参,进行值传递。而在带参宏中,只是符号代换,不存在值传递的问题。

(3) 在宏定义中的形参必须是单个标识符,而宏调用中的实参可以是具体的值或者表达式。函数调用时把实参表达式的值求出来再赋给形参,与函数的调用是不同的,宏代换中对实参表达式不作计算直接地照原样替换。

例 4.23 宏定义示例 1。

```
#include <stdio.h>
#define SQU_1(a) (a) * (a)
#define SQU_2(a) a * a
main(){
    int sq1,sq2,b = 1;
    sq1 = SQU_1(b + 1);  //
    sq2 = SQU_2(b + 1);  //
    printf("sq1 = %d\n",sq1);
    printf("sq2 = %d\n",sq2);
}
```

【运行结果】

```
sq1=4
sq2=3
```

例 4.23 中,第 2 行和第 3 行为宏定义,形参为 a。在第 2 行中定义时形参用括号括起来,而第 3 行的定义中形参没有用括号括起来。程序第 6 行和第 7 行宏调用中实参为 b+1,是一个表达式。因为在宏展开时,用实参表达式直接替换形参,用 b+1 直接替换 a,分别得到如下宏展开语句:

```
sq1 = (b + 1) * (b + 1);
sq2 = b + 1 * b + 1;
```

显然,SQU_1 的展开是正确的,而 SQU_2 的展开的结果不是编程者的原意(求两个数的平方),它与 SQU_1 的区别就是形参是否用括号括起来。因此,在宏定义中字符串内的形参通常要用括号括起来以避免出错。

有参宏定义中参数两边的括号是不能少的,对于复杂的宏定义,即使在参数两边都加括号有时还是不够的。

例 4.24 宏定义示例 2。

```
#include <stdio.h>
#define SQU_1(a) (a) * (a)
void main(){
  int sq,b = 1;
  sq = 80 / SQU_1(b + 1);
  printf("sq = %d\n",sq);
}
```

【运行结果】

```
sq=80
```

例 4.24 与例 4.23 相比,只把宏调用语句改为:

```
sq = 80 / SQU_1(b + 1);
```

运行本程序,希望计算用 80 除以 b+1 的平方的值,结果应为 20。但实际运行的结果如下:

sq = 80

为什么会得这样的结果呢？分析宏调用语句，在宏展开之后变为：

sq = 80/(b + 1) * (b + 1);

由于/和 * 两个运算符优先级和结合性相同。因此，先运算 80/(1＋1)得 40，再运算 40 * (1＋1)最后得 80。那么，如何才能得到正确答案呢？其实很简单，只要在宏定义时在整个字符串外加括号就可以保证结果的正确性。即将例 4.24 中第二行原来的宏定义：

#define SQU_1(a) (a) * (a)

修改为：

#define SQU_1(a) ((a) * (a))

就可以达到目的。以上讨论说明，对于宏定义不仅应在参数两侧加括号，也应在整个字符串外加括号。

例 4.25 修改后的宏定义示例 2。

```
#include <stdio.h>
#define SQU_1(a) ((a) * (a))
void main(){
  int sq,b = 1;
  sq = 80 / SQU_1(b + 1);
  printf("sq = %d\n",sq);
}
```

【运行结果】

```
sq=20
```

(4) 带参的宏和带参函数很相似，但有本质上的不同，除上面已谈到的各点外，将同一表达式用函数处理与用宏处理两者的结果有可能是不同的。

例 4.26 宏定义示例 3。

```
#include <stdio.h>
#define SQU_1(y) ((y) * (y))  // 宏定义
int SQU_2(int y)              // 函数定义
{
  return((y) * (y));
}
void main(){
  int i = 1,j = 1;
    printf("宏调用的结果:\n");
    while(i<=5)
    printf("%d\n",SQU_1(i++));
    printf("函数调用的结果:\n");
    while(j<=5)
    printf("%d\n",SQU_2(j++));
}
```

【运行结果】

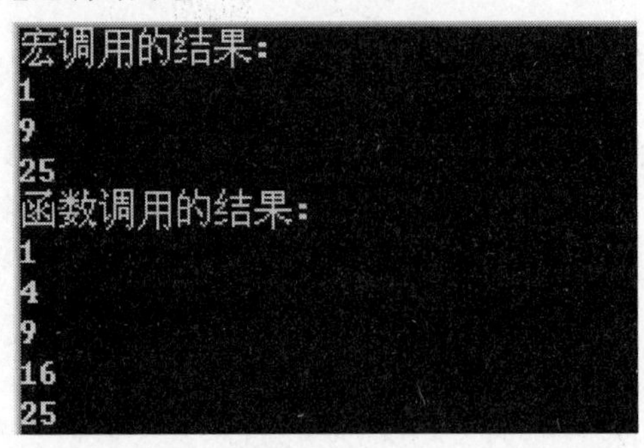

在例 4.26 中,函数名为 SQU_2,形参为 y,函数体表达式为((y)*(y))。宏名为 SQU_1,形参也为 y,字符串表达式为(y)*(y))。函数调用为 SQU_2 (i++),宏调用为 SQU_1(i++),实参也是相同的。从输出结果来看,却大不相同。

函数调用 SQU_2 (j++)是先把实参 j 值传给形参 y 后自增 1,然后输出函数值,因而要循环 5 次,最后输出 1 到 5 的平方值。宏调用 SQU_1 (i++)时,只作简单替换。SQ(i++)被代换为((i++)*(i++))。在第一次循环时,i 初值等于 1,先求出 1*1 作为表达式值 1,然后 i 执行两次自增 1 操作变为 3。在第二次循环时,i 值已有初值为 3,先计算 3*3 的值作为表达式的值,然后 i 再执行两次自增 1 操作变为 5。进入第三次循环,由于 i 值已为 5,所以这将是最后一次循环。计算表达式的值为 5*5 等于 25。i 再执行两次自增 1 操作变为 7,不再满足循环条件,停止循环。

从以上分析可以看出函数调用和宏调用二者在形式上相似,但在本质上是完全不同的。需要同学们在学习时特别注意。

4.9.2 文件包含

一个大的程序可以分为多个模块,由多个程序员分别编程。有些公用的符号常量或宏定义等可单独组成一个文件,在其他文件的开头用包含命令包含该文件即可使用。这样,可避免在每个文件开头都去书写那些公用量,从而节省时间,并减少出错。那么如何在一个程序中使用一个或多个程序分别编写的多个源文件呢? 文件包含是 C 语言提供的用于在一个程序组合多个源文件的功能,是 C 预处理程序的另一个重要功能。在前面我们已多次用此命令包含过库函数 printf 和 scanf 的头文件:

```
#include <stdio.h>
```

文件包含命令的功能是把指定的文件插入该命令行位置取代该命令行,从而把指定的文件和当前的源程序文件连成一个源文件。文件包含命令行的一般形式为:

```
#include <文件名>  或  #include "文件名"
```

文件包含命令中的文件名可以用双引号括起来,也可以用尖括号括起来,都是允许的。但是这两种形式是有区别的:使用尖括号表示在系统的包含文件目录中去查找(包含文件目录是由用户在设置环境时设置的一个环境变量值),而不在源文件目录去查找;使用双引号则表示首先在当前的源文件所在的目录中查找,若未找到才到包含目录中去查找。用户编程时可根据自己文件所在的目录来选择某一种命令形式。

一个#include 命令只能指定一个被包含文件,若有多个文件要包含,则需用多个#include 命令。文件包含允许嵌套,即在一个被包含的文件中又可以包含另一个文件。

例 4.27　文件包含示例。

下面的程序由两个源文件 main.c 和 mymath.c 组成,其中 mymath.c 文件中定义了一个求三个数中最大值的函数。main.c 中只有一个 main 函数,其中的语句调用了 mymath.c 中定义的 max 函数。

【程序代码】

```
/* main.c 文件的内容 */
#include <stdio.h>
#include "mymath.c"
void main(){
    int m = 67,n = 78,k = 209;
    int p = max(m,n,k);
    printf("max number is: %d\n",p);
}
/* mymath.c 文件的内容 */
int max(int a,int b,int c)
{
    if(a<b)
      a = b;
    if(a<c)
      a = c;
    return (a);
}
```

【运行结果】

```
max number is: 209
Press any key to continue
```

例 4.27 包括两个源文件,源文件 main.c 中第 1 行的包含文件是将 stdio.h 文件的内容直接插入到文件的最前面。第 2 行的包含文件命令是指将与 main.c 文件位于同一文件夹下的源文件 mymath.c 的内容全部插入到该文件包含命令所在行。插入包含文件之后 main.c 的实际源代码变成下面的内容(出于篇幅考虑,stdio.h 文件的内容没有列出来)。

```
#include <stdio.h>
int max(int a,int b,int c)
{
    if(a<b)
      a = b;
    if(a<c)
      a = c;
    return (a);
}
```

```
void main(){
    int m = 67,n = 78,k = 209;
    int p = max(m,n,k);
    printf("max number is: %d\n",p);
}
```

本章小结

本章介绍了C语言中函数的定义和调用方法,包括函数的嵌套调用和递归调用。介绍了变量的作用域和存储类型。依据作用域不同,变量可以分为全局变量和局部变量;依据存储类型不同,变量可以分为自动的(auto)、静态的(static)、寄存器的(register)、外部的(extern)几种类型。最后,本章介绍了C语言编译预处理的基本概念,主要介绍了宏定义(# define)和文件包含(# include)的使用方法。

习题四

一、选择题

(1) 以下正确的说法是(　　)。

(A) 用户若需调用标准库函数,调用前必须重新定义

(B) 用户可以重新定义标准库函数,若如此,该函数失去原有含义

(C) 系统根本不允许用户重新定义标准库函数

(D) 用户若需调用标准库函数,调用前不必使用预编译命令将该函数所在文件包括到用户源文件中,系统自己去调

(2) 以下函数的正确定义形式是(　　)。

(A) double fun(int x,int y)

(B) double fun(int x;int y)

(C) double fun(int x,int y);

(D) double fun(int x,y);

(3) 以下正确的函数形式是(　　)。

(A) double fun(int x,int y)　　(B) fun(int x,y)

(C) fun(x,y)　　(D) double fun(int x,int y)

(4) 若调用一个函数,且此函数中没有 return 语句,则正确的说法是(　　)该函数。

(A) 没有返回值　　(B) 返回若干个系统默认值

(C) 能返回一个用户所希望的函数值　　(D) 返回一个确定的值

(5) 以下说法不正确的是(　　)。C语言规定:

(A) 实参可以是常量、变量或表达式

(B) 形参可以是常量、变量或表达式

(C) 实参可以为任意类型

(D) 形参应与其对应的实参类型一致

(6) 以下说法正确的是(　　)。

(A) 定义函数时,形参的类型说明可以放在函数体内

(B) return 后边的值不能为表达式

(C) 如果函数值的类型与返回值类型不一致,以函数值类型为准

(D) 如果形参与实参的类型不一致以实参类型为准

(7) C语言规定,简单变量做实参时,它和对应形参之间的数据传递方式是(　　)。

(A) 地址传递　　(B) 单向值传递

(C) 由实参传给形参,再由形参传回给实参　　(D) 由用户指定传递方式

(8) C语言允许函数值类型缺省定义,此时该函数值隐含的类型是(　　)。

(A) float 型　　(B) int 型　　(C) long 型　　(D) double 型

(9) C语言规定,函数返回值的类型是由(　　)。

(A) return 语句中的表达式类型所决定

(B) 调用该函数时的主调函数类型所决定

(C) 调用该函数时系统临时决定

(D) 在定义该函数时所指定的函数类型所决定

(10) 下面函数调用语句含有实参的个数为(　　)。

(A) 1　　(B) 2　　(C) 4　　(D) 5

(11) 以下错误的描述是(　　)。函数调用可以

(A) 出现在执行语句中　　(B) 出现在一个表达式中

(C) 作为一个函数的实参　　(D) 作为一个函数的形参

(12) 以下正确的描述是(　　)。在C语言程序中

(A) 函数的定义可以嵌套,但函数的调用不可以嵌套

(B) 函数的定义不可嵌套,但函数的调用可以嵌套

(C) 函数的定义和函数的调用均不可以嵌套

(D) 函数的定义和调用均可以嵌套

(13) 已有以下数组定义和 f 函数调用的语句,则在 f 函数的说明中,对形参数组 array 的错误定义方式为(　　)。

```
int a[3][4]; f(a);
```

(A) f(int array[][6])　　(B) f(int array[3][])

(C) f(int array[][4])　　(D) f(int array[2][5])

(14) 若使用一维数组名作函数实参,则以下正确的说法是(　　)。

(A) 必须在主调函数中说明此数组的大小

(B) 实参数组类型与形参数组类型可以不匹配

(C) 在被调函数中,不需要考虑形参数组的大小

(D) 实参数组名与形参数组名必须一致

(15) 以下正确的说法是(　　)。如果在一个函数中的复合语句中定义了一个变量,则该变量

(A) 只在该复合语句中有效　　B. 在该函数中有效

(C) 在本程序范围内均有效　　　　D. 为非法变量

(16) 以下不正确的说法为(　　)。

(A) 在不同函数中可以使用相同名字的变量

(B) 形式参数是局部变量

(C) 在函数内定义的变量只在函数范围内有效

(D) 在函数内的复合语句中定义的变量在本函数范围内有效

(17) 以下程序的正确运行结果是(　　)。

```
void num()
{
  extem int x,y; int a=15;b=10;
  x=a-b; y=a+b;
}
int x,y;
main()
{int a=7,b=5;
x=a+b; y=a-b; num();
printf("%d,%d",x,y);
}
```

(A) 12,2　　(B) 不正确　　(C) 5,25　　(D) 1,12

(18) 凡是函数中未指定存储类别的局部变量,其隐含的存储类型是(　　)。

(A) auto　　(B) static　　(C) extern　　(D) register

(19) 在一个C源程序文件中,若要定义一个只允许本源文件中所有函数使用的全局变量,则该变量需要使用的存储类别是(　　)。

(A) extern　　(B) register　　(C) auto　　(D) static

(20) 以下程序的正确运行结果是(　　)。

```
#include<stdio.h>
main(){
    int k=4,m=1,p;
    p=func(k,m);
    printf("%d,",p);
    p=func(k,m);
    printf("%d\n",p);
}
func(int a,int b){
    static int m=0,I=2;
    I+=m+1; m=I+a+b;
    return(m);
}
```

(A) 8,17　　(B) 8,16　　(C) 8,20　　(D) 8,8

二、填空题

(1) C语言规定,可执行程序的开始执行点是____________。

(2) 在C语言中,一个函数一般由两个部分组成,它们是____________和____________。

(3) 以下程式序的运行结果是____________。

```
#include<stdio.h>
fun(int I,int j){
    int x=7;
    printf("I=%d;j=%d;x=%d\n",I,j,x);
}
main(){
    int I=2,x=5,j=7;
    fun(j,6);
    printf("I=%d;j=%d;x=%d\n",I,j,x);
}
```

(4) 以下程序的运行结果是____________。

```
#include<stdio.h>
main(){
    increment();
    increment();
    increment();
}
increment(){
    int x=0;
    x+=1;
    printf("%d",x);
}
```

(5) 以下程序的运行结果是____________。

```
#include<stdio.h>
max(int x,int y){
    int z; z=(x>y)? x:y;
    return(z);
}
main(){
    int a=1,b=2,c;
    c=max(a,b);
    printf("max is %d\n",c);
}
```

(6) 若输入一个整数10,以下程序运行结果是____________。

```
#include<stdio.h>
sub(int a){
    int c;
    c=a%2;
    return c;
}
main(){
    int a,e[10],c,I=0;
    printf("输入一个整数：\n");
    scanf("%d",&a);
    while(a!=0){
        c=sub(a); a=a/2; e[I]=c; I++;
    }
    for(;I>0;I--)
    printf("%d",e[I-1]);
}
```

(7) 以下程序的运行结果是__________。

```
#include<stdio.h>
add(int x,int y, int z){
    z=x+y; x=x*x; y=y*y;
    printf("(2)x=%d y=%d z=%d\n",x,y,z);
}
main(){
    int x=2,y=3,z=0;
    printf("(1)x=%d y=%d z=%d\n",x,y,z);
    add(x,y,z);
    printf("(3)x=%d y=%d z=%d\n",x,y,z);
}
```

(8) 以下程序的运行结果是__________。

```
#include<stdio.h>
increment(){
    static int x=0;
    x+=1;
    printf("%d",x);
}
main(){
    increment(); increment(); increment();
}
```

第5章 数 组

数组是程序设计中的一个重要的内容,它是一个用相同的变量名表示、用不同的下标区分的若干个同类型变量的集合。使用数组可以用同一变量名引用多个同类型变量,达到缩短和简化程序的目的。特别是可以利用下标编号的顺序建立循环结构,更有利于编写更短小、更精简的代码来有效处理大量相同的数据和对象。数组均由连续的存储单元组成,最低地址对应于数组的第一个元素,最高地址对应于最后一个元素,数组可以是一维的,也可以是多维的。

5.1 数组的概念

在编程实践中常常会遇到需要处理大量同类型数据的情况。例如,记录一个班上60名学生期末考试一门课程的成绩,如果用简单变量来存储,则需要60个变量分别存储60名学生的姓名,另外还需要60个变量存储每个学生一门课程的成绩。如果需要存储成绩的课程不止一门,则需要定义的单个变量名将更多。这在实际编程过程中将会很不方便,如果用相同名称的变量辅以序号来表示学生的成绩将会方便得多。C语言提供了这样一种数据表示的方法——数组。数组中所有元素有统一的名称,通过下标变化就可以表示不同的元素变量,这样就不会因变量众多而使程序编写变得冗长。在C语言中,数组属于构造数据类型。一个数组可以分解为多个数组元素,这些数组元素可以是基本数据类型或是构造类型。因此按数组元素的类型不同,数组又可分为数值数组、字符数组、指针数组、结构数组等各种类别。本章介绍数值数组和字符数组,其余的在以后各章陆续介绍。数值数组又可以分为一维数组和多维数组,字符数组一般是一维数组。

5.2 一维数组

5.2.1 一维数组声明

在C语言中,与普通变量一样,数组必须先声明后使用。数组的声明过程实际上是为程序在计算机内存中申请一块用于存储数组元素的连续内存空间。一维数组的声明方式如下:

类型说明符 数组名[元素个数];

其中,类型说明符确定数组中所有元素的数据类型,可以是任一种基本数据类型,如char、int、long、float、double等,也可以是一种用户自定义的构造数据类型(见后续章节);数组名是用户定义的数组标识符,与普通变量的命名方式一样;元素个数给定数组要包含的变量个数,它必

须是一个大于 0 的整数,可以使用表达式形式,但该表达式中只能出现常量和运算符。例如:

```
int A [45];
```

声明了一个包含 45 个整型元素的数组 A。

```
float B[12],C[32];
```

同时声明了一个有 12 个实型元素的数组 B 和一个有 32 个实型元素数组 C。

```
char H [20];
```

声明了一个有 20 个字符元素的数组 H。

对于一维数组的声明,还有以下几个需要注意的要点。

(1) 数组的类型实际上是指数组元素的取值类型。对于同一个数组,其所有元素的数据类型都是相同的。

(2) 数组名的命名规则应符合标识符的命名规定,即不能与其他变量名相同,不能与内部标识符相同,只能以下划线或字母开头,由下划线、字母或数字构成等。例如:

```
int 3a[3];
double if[4];
```

等都是不正确的数组命名。

(3) 方括号中的元素个数必须使用常量,可以是常数,也可以是常量表达式,还可以是预定义的符号常数,但不允许使用变量。元素个数只能为整型常量或整型表达式,如为小数时,C 编译将自动取整。例如:

```
int n = 4;
double arr[n];
```

都是不合法的表达。尽管在声明数组 arr 时变量 n 已经有了具体的数值也不对。而语句

```
int arr[3 + 2];
double B[6];
```

都是合法的表达,因为方括号内元素个数都是常量或常量表达式。元素个数表示数组中包含的元素的个数,如

```
int arr[5];
```

表示数组 arr 有 5 个整型元素。

(4) 在同一个类型声明中,可以声明多个数组和多个变量。例如:

```
int a,b, c[5],d[20];
```

声明了 int 类型的两个简单变量 a 和 b 以及两个数组 c 和 d。

5.2.2 一维数组使用

数组元素是组成数组的基本单元。在程序设计中,每个数组元素相当于一个简单变量,区别仅在于数组元素的表示为数组名后跟一个带方括号的下标,下标表示该元素在数组中的顺序号。以前面记录一个班上 60 名学生期末考试一门课程成绩的实际为例,可以声明一个数组 float score[60] 用于保存 60 名学生的成绩,然后分别对其处理,比如求平均值、最高分、最低分等。

对一位数组的数组元素的引用形式如下:

数组名[下标]

其中，下标只能为整型常量或变量，如下标为小数，C编译将自动取整。数组元素的使用包括两种基本类型，即给数组元素赋值和读取数组元素的值。给数组元素赋值是指将一个特定的数值记录到数组元素中，读取数组元素的值是指在程序中使用数组元素中已经保存的数值。

例5.1　声明一个包含5个整型元素的数组，然后用循环语句对数组的每个元素分别赋值，最后按相反的顺序将每个元素的值输出到屏幕上。

【程序代码】

```
#include <stdio.h>
void main()
{
  int i, a[5];
  for(i = 0;i<5;i ++ )
      a[i] = i;                  //将数值 i 赋值给数组元素 a[i]
  for(i = 4;i> = 0;i -- )
      printf(" %d ",a[i]);      //读取数组元素 a[i]的值并输出到屏幕
  printf("\n");
}
```

【运行结果】

```
4 3 2 1 0
Press any key to continue
```

对于一维数组的引用，也有以下几个需要注意的地方。

(1) 引用数组元素时，方括号中的数值是该元素在数组中的序号。与数组个数不一样，下标既可以是常数，也可以是变量。

(2) C语言中数值的下标从0开始编号。例如，

double a[5];

声明了一个包含5个元素的数组，它所包含的元素分别为

a[0], a[1], a[2], a[3], a[4]

特别注意，不存在元素a[5]。

(3) 在C语言中只能逐个地使用数组元素，而不能一次引用整个数组。

5.2.3　一维数组初始化

在声明一个数组的时候，C编译器仅仅为每个数组申请一块能保存全部数组元素的内存空间，并不会改变每个元素对应内存单元的值。如果在没有先给一个数组元素赋值的情况下直接读取这个元素的值，会是一个随机的数值，这显然不是我们所期望的。因此，在程序设计中，使用数组时往往要先对数组的每个元素赋一个初始值，称为数组的初始化。

有两种常用的数组初始化方式：一是利用循环结构给数组的每个元素逐个赋值；二是采用初始化赋值语句为每个数组元素赋值。数组初始化赋值是指在声明数组时给数组元素赋予初值。数组初始化是在编译阶段进行的，将减少运行时间，提高效率。

初始化赋值的一般形式为：

类型说明符 数组名[常量表达式]={值,值,…,值};

等号左边的形式与数组的一般声明方式相同,而等号右边的花括号{ }中的各数据值即为各元素的初值,各值之间用逗号间隔。例如:

int a[8]={ 0,2,4,8, 16,32,48,96 };

相当于多条赋值语句

a[0]=0;

a[1]=2;

a[2]=4;

a[3]=8;

a[4]=16;

a[5]=32;

a[6]=48;

a[7]=96;

除此之外,C 语言对数组的初始化赋值还有以下几点规定需要注意。

(1) 数组初始化可以只给部分元素赋初值

当花括号{ }中值的个数少于元素个数时,系统会只给前面部分元素赋值,后面的元素自动赋值为 0。例如:

int a[10]={0,1,2,3,4};

只给数组 a 中前 5 个元素 a[0]到 a[4]赋值,而后 5 个元素 a[5]到 a[9]自动赋值为 0。

(2) 只能给元素逐个赋值,不能给数组整体赋值

例如给 10 个元素全部赋 0 值,只能写为:

int a[10]={0,0,0,0,0,0,0,0,0,0};

而不能写为:

int a[10]=1;

(3) 如果确定给数组的全部元素赋值,则在等号左边数组声明中,可以不给出数组元素的个数。例如:

int a[5]={1,2,3,4,5};

等价于

int a[]={1,2,3,4,5};

当数组元素的个数特别多的时候,用初始化赋值的方法给数组每个元素赋值会很烦琐。在编程实践中往往使用循环结构为数组的元素赋初值。

例 5.2 用循环结构为数组元素赋初值。

【程序代码】

```
#include <stdio.h>
void main()
{
  int k, a[8];             //声明一个具有 8 个元素的数组 a
  for (k=0;k<8;k++)
      a[k]=k;              //将数组 a 的每个元素的值都初始化为 0
```

```
  for (k = 0;k<8;k ++ )
    printf("a[ % d] =  % d\n",k,a[k]);
}
```

【运行结果】

```
a[0] = 0
a[1] = 1
a[2] = 2
a[3] = 3
a[4] = 4
a[5] = 5
a[6] = 6
a[7] = 7
```

5.2.4 一维数组应用示例

例 5.3 青年歌手参加歌曲大奖赛，有 10 个评委对选手进行打分(满分 100 分，最低 0 分)，试编程求一位选手的平均得分(去掉一个最高分和一个最低分)。

这道题的核心是找出评委所打的 10 个分数的最高分和最低分，利用一维数组保存评委的分数，计算数组中除第一个和最后一个分数以外的数的平均分。

【程序代码】

```
#include <stdio.h>
#define N 10
void main()
{
    int i;
    float a[N] = {99,87,95,93,67,88,100,91,75,69};
    float min = 100;
    float max = 0;
    float ave = 0;

    for(i = 0;i<N;i ++ )
    {
        ave += a[i];
        if (a[i]>max)
            max = a[i];
        if (a[i]<min)
            min = a[i];
    }
    ave - = max;
    ave - = min;
    ave = ave / (N - 2);
```

```
    printf("\n 评委评分如下:\n");
    for(i = 0;i<N;i ++ )
        printf (" %6.2f\t",a[i]);
    printf("\n 去掉一个最高分: %6.2f\n", max);
    printf("去掉一个最低分: %6.2f\n", min);
    printf("选手最后所得平均分数: %6.2f\n", ave);
}
```

【运行结果】

```
评委评分如下:
 99.00   87.00   95.00   93.00   67.00   88.00  100.00   91.00   75.00   69.00

去掉一个最高分: 100.00
去掉一个最低分:  67.00
选手最后所得平均分数:  87.13
```

例 5.4 将数组中的数按照从小到大的次序排列。

首先找出数组中值最小的数,然后把这个数与第一个数交换,这样值最小的数就放到了第一个位置;然后,在从剩下的数中找值最小的,把它和第二个数互换,使得第二小的数放在第二个位置上。以此类推,直到所有的值按从小到大的顺序排列为止。这种排序方法称为"选择排序法"。

【程序代码】

```
#include <stdio.h>
void main()
{
    int i,j,r,temp;
    int a[10] = {10,33,18,78,34,67,99,45,66,59};
    printf("排序前的数列:\n");
    for(i = 0;i<10;i ++ )
        printf(" %d  ",a[i]);
    printf("\n");
    for(i = 0;i<9;i ++ )
    {   r = i;
        for(j = i + 1;j<10;j ++ )
          if(a[j]<a[r])
            r = j;
        if(r!= i)
        {
            temp = a[r];
            a[r] = a[i];
            a[i] = temp;
        }
    }
```

```
    printf("排序后的数列:\n");
    for(i=0;i<10;i++)
        printf("%d ",a[i]);
    printf("\n");
}
```

【运行结果】

```
排序前的数列:
10 33 18 78 34 67 99 45 66 59
排序后的数列:
10 18 33 34 45 59 66 67 78 99
```

5.3 二维数组

5.3.1 二维数组声明

C 语言不仅可以构造一维数组,也可以构造多维数组。多维数组是一维数组的推广,当一维数组的元素也是一个数组时,就称为多维数组。二维数组是多维数组的一个特例,本节只介绍二维数组,多维数组的属性可以由二维数组类推得到。一维数组只有一个下标,其数组元素也称为单下标变量。多维数组的元素有多个下标标识它在数组中的位置,所以也称为多下标变量。

同一维数组一样,使用二维数组之前必须先声明。声明二维数组的一般形式是:

类型说明符 数组名[常量表达式 1][常量表达式 2]

其中,常量表达式 1 表示第一维下标的长度,常量表达式 2 表示第二维下标的长度。

在逻辑上,二维数组可以认为是一张表格(或矩阵)。数组元素中的第一个下标表示该元素在表格中的行号,第二个下标表示该元素在表格中的列号。

例如:M[2][4]具有如下逻辑结构:

M[0][0]	M[0][1]	M[0][2]	M[0][3]
M[1][0]	M[1][1]	M[1][2]	M[1][3]

但在内存中二维数组是按一维数组的方式进行存储,占据一片连续的存储单元。C 语言是"按行顺序"在内存中分配存储单元,也就是先依序存储一行的数据,再开始存储下一行,直至最后。例如,上述数组 M[2][4]在内存中存储顺序如下:

M[0][0]	M[0][1]	M[0][2]	M[0][3]	M[1][0]	M[1][1]	M[1][2]	M[1][3]

二维数组所包含的元素个数由常量表达式 1 和常量表达式 2 的乘积确定,其每一维的下标都从 0 开始。例如:

```
int a[4][20];
```

声明一个包含 $4\times20=80$ 个元素的二维数组 a。数组 a 的第二维的第一个元素,也就是数组的第一个元素是 a[0][0],第二维的第一个元素是 a[1][0]。

5.3.2 二维数组使用

对二维数组元素的引用形式如下：

数组名[下标][下标]

其中，下标只能为整型常量或变量。下标变量和数组说明在形式中有些相似，但这两者具有完全不同的含义。数组声明的方括号中给出的是某一维的长度；而数组元素中的下标是该元素在数组中的位置标识。前者只能是常量，后者可以是常量、变量或表达式。

与一维数组一样，对二维数组元素的使用包括给数组元素赋值和读取数组元素的值两种基本形式。

例 5.5 声明一个二维数组，用一个二重 for 循环给数组的每一个元素赋值，然后读取数组的每个元素值并累加。

【程序代码】

```
#include <stdio.h>
void main()
{
    int i,j,total = 0;
    int a[2][3];
    for(i = 0;i<2;i++)
        for(j = 0;j<3;j++)
            a[i][j] = i*10 +j;
    for(i = 0;i<2;i++)
        for(j = 0;j<3;j++) {
            printf("a[%d][%d] = %d\n",i,j,a[i][j]);
            total += a[i][j];
        }
    printf("数组元素之和为:%d\n",total);
}
```

【运行结果】

```
a[0][0]=0
a[0][1]=1
a[0][2]=2
a[1][0]=10
a[1][1]=11
a[1][2]=12
数组元素之和为:36
```

5.3.3 二维数组初始化

同一维数组一样，除了用例 5.5 中所示循环结构给二维数组赋值外，二维数组也可以在类型说明时给各下标变量赋以初值。二维数组可按行分段赋值，也可按行连续赋值。例如对数组 int a[3][4]，下面两种初始化方式的赋值结果是完全相同的。

(1) 按行分段赋值可写为：

```
int a[3][4] = { {56,78,34,12},{99,67,56,234},{10,87,54,33}};
```

(2) 按行连续赋值可写为：

```
int a[3][4] = { 56,78,34,12, 99,67,56,234,10,87,54,33};
```

【注意】

(1) 对于二维数组，可以只对部分元素赋初值，未赋初值的元素自动取 0 值。例如：

```
int a[2][3] = {{6},{8}};
```

是只对每一行的第一列元素赋值，未赋值的元素取 0 值。

(2) 如对全部元素赋初值，则第一维的长度可以不给出。例如，下面两个表达式的含义完全一样：

```
int a[2][3] = { 56,78,34,12, 99,67};
int a[ ][3] = { 56,78,34,12, 99,67};
```

(3) 二维数组可以看成是由一维数组的嵌套而构成的。假设一维数组的每个元素又是一个数组，就组成了二维数组。当然，前提是各元素类型必须相同。根据这样的分析，一个二维数组也可以分解为多个一维数组。例如，二维数组 a[3][4]，可分解为三个一维数组，其数组名分别为：

```
a[0]
a[1]
a[2]
```

对这三个一维数组不需另作说明即可使用。这三个一维数组都有 4 个元素，例如，一维数组 a[0]的元素为：

```
a[0][0]
a[0][1]
a[0][2]
a[0][3]
```

必须强调的是，分解出来的一维数组名 a[0]、a[1]和 a[2]不能当作下标变量使用，它们是数组名，不是一个单纯的下标变量。

5.3.4 二维数组程序举例

例 5.6 已知一个学习小组中 6 个同学的 3 门功课的成绩如下表所示。求全组每门功课的平均成绩和每个同学的总分。

	同学甲	同学乙	同学丙	同学丁	同学戊	同学己
语文	80	61	59	85	76	88
数学	75	65	63	87	77	73
英语	92	71	70	90	85	65

从题意可以自然想到用一个 3 行 6 列的二维数组存放 6 个同学 3 门课的成绩，另外用一个有 3 个元素的一维数组存放所求得各分科平均成绩。用一个有 6 个元素的一维数组存放每

个同学各门功课的总分。

【程序代码】

```
#include <stdio.h>
void main()
{
    int i,j;
    float score[3][6] = {{80,61,59,85,76,88},{75,65,63,87,77,73},{92,71,70,90,
85,65}};
    float s = 0,v[3],t[6];
    //计算每门功课的平均分
    for(i = 0;i<3;i++)
    {
        for(j = 0;j<6;j++)
        {
          s += score[i][j];
        }
        v[i] = s/6;
        s = 0;
    }
    //计算每个同学的 3 门功课总分
    for(j = 0;j<6;j++)
    {
        for(i = 0;i<3;i++)
          s += score[i][j];
        t[j] = s;
        s = 0;
    }
    printf("各科平均分:\n 语文:%6.1f\t 数学:%6.1f\t 英语:%6.1f\n",v[0],v[1],v
[2]);
    printf("每个同学的总分分别为:\n");
    for(j = 0;j<6;j++)
      printf("%6.1f\t",t[j]);
    printf("\n");
}
```

【运行结果】

```
各科平均分:
语文:  74.8      数学:  73.3      英语:  78.8
每个同学的总分分别为:
 247.0   197.0   192.0   262.0   238.0   226.0
```

5.4 字符数组与字符串

字符串是计算机程序处理中用得最为频繁的一类信息，比如之前所有输入/输出语句内的提示信息都是字符串。字符串是人与计算机交互的最重要的内容之一。在C语言中没有专门的字符串变量，通常用一个字符数组来存放一个字符串。本小节详细介绍C语言中字符数组和字符串的相关内容。

5.4.1 字符数组声明

字符数组，完整地说叫字符类型的数组。需要注意的是，字符数组仅表示数组的元素是字符类型，字符数组不一定是字符串。前面介绍字符串常量时，已说明字符串总是以'\0'作为串的结束符。

字符数组的声明方式与其他数值类型数组的声明方式没有区别，只是数据类型为字符型char。例如：

```
char str[20];
```

声明了一个可以包含20个字符的数组。由于C语言中字符型和整型是通用，对str数组也可以定义为：

```
int str[20];
```

但这时每个数组元素占2个字节的内存单元，而用char声明时每个元素只占一个字节的内存单元。

字符数组也可以是二维或多维数组。例如：

```
char c[3][20];
```

声明了一个二维字符数组。

5.4.2 字符数组初始化

字符数组也允许在定义时作初始化赋值。对字符数组的初始化有两种方式：一种是用字符常量进行初始化；另一种是用字符串常量进行初始化。

(1) 用字符常量进行初始化

用字符常量进行初始化的语法格式与数值类型数组的初始化一样，区别仅在于字符常数的两边要用单引号括起来。

例如：下面三条语句

```
char s1[8] = {'C','o','m','p','u','t','e','r'};
char s2[10] = {'m','o','u','s','e'};
char s3[2][5] = {{'b','o','o','k'},{'b','o','o','k','2'}};
```

分别声明和初始化了s1、s2和s3三个字符数组，其中s3是二维字符数组，其他两个是一维数组。

(2) 用字符串常量进行初始化

在C语言中，有字符常量、字符变量和字符串常量，但没有设置专门存放字符串的变量，

对于字符串的处理可以通过字符数组实现。因此,可以用字符串常量初始化字符数组。例如:

```
char a[12] = {"Computer"};
```

用字符串“Computer”的字符依次初始化 str 数组的元素。

例 5.7 用字符串常量对字符数组赋初值。

【程序代码】

```
#include <stdio.h>
void main()
{
    char str[12] = { "Computer"};
    for(int i = 0;i<12;i ++ )
        printf(" %c -> %d \n",str[i],str[i]);
}
```

【运行结果】

```
C -> 67
o -> 111
m -> 109
p -> 112
u -> 117
t -> 116
e -> 101
r -> 114
  -> 0
  -> 0
  -> 0
  -> 0
```

可以看出,在 main 函数中对数组 str 赋值后数组中各元素的值如下表所示。其中,a[8]的值是常量字符串的结束符,由于字符串的字符数没有数组的元素个数多,因此数组最后三个元素被赋值为初值'\0'。

a[0]	a[1]	a[2]	a[3]	a[4]	a[5]	a[6]	a[7]	a[8]	a[9]	a[10]	a[11]
'C'	'o'	'm'	'p'	'u'	't'	'e'	'r'	'\0'	'\0'	'\0'	'\0'

其中 str [8]是由系统自动添加的字符串结束符。由于字符数组的长度大于字符串的长度,因此 str [9]~str [11]的值全部自动赋值为 0。

如果用于初始化的字符串的长度大于字符数组的长度,就会发生编译错误。例如,如果将例 5.7 中的数组初始化赋值语句改为:

```
char str[6] = {'C','o','m','p','u','t','e','r'};
```

重新编译,就会出现下面的编译错误警告。

```
d:\tmp\ccc\ccc.cpp(4) : error C2078: too many initializers
Error executing cl.exe.

CCC.exe - 1 error(s), 0 warning(s)
```

如果字符个数大于数组长度,系统会提示用户语法错误。用字符串常量初始化字符数组时,系统会在字符数组的末尾自动加上一个字符'\0'。因此,要考虑数组的长度比实际字符的个数大1;另外,用字符串常量初始化字符数组时可以不写数组的长度,由给定的字符串常量的长度加1作为数组的长度。用字符串初始化一维字符数组时,可以省略花括号{}。对例5.7中字符数组初始化的语句修改后的结果如例5.8所示。

例5.8　用字符串常量对字符数组赋初值(预先不确定数组的长度)。

【程序代码】

```
#include <stdio.h>
void main()
{
    char str[]="Computer";
    for(int i=0;i<12;i++)
        printf(" %c -> %d \n",str[i],str[i]);
}
```

【运行结果】

```
C -> 67
o -> 111
m -> 109
p -> 112
u -> 117
t -> 116
e -> 101
r -> 114
  -> 0
?-> -52
?-> -52
?-> -52
```

可以看出,对数组str赋值后,数组的长度为9,输出结果中的str[9]～str[11]的值实际上已经不是数组的内容,是内存中其他数据。

5.4.3　字符数组的输入/输出

字符数组的输入/输出方法有两种,既可以逐个字符的输入/输出,也可以把字符数组作为字符串输入/输出。

(1) 逐个字符的输入/输出

这种输入/输出的方法,通常是使用循环语句来实现的。这种输入/输出的方法与整数等数值类型的数组的输入/输出没有区别,只是scanf和printf函数使用的格式符号为"%c"。

例5.9　将字符逐个输入到一个数组,并把这个数组中的字符倒序输出。

【程序代码】

```
#include <stdio.h>
main()
{
    int i;
    char s[10];
```

```
    printf("What's your name? \n");
    for(i = 0;i<10;i ++ )
        scanf(" %c",&s[i]);
    for(i = 9;i> = 0;i -- )
        printf(" %c\t",s[i]);
    printf("\n");
}
```

【运行结果】

```
What's your name?
RichardFu0
0	u	F	d	r	a	h	c	i	R
```

逐个字符的输入/输出实际上是对数组元素的操作,与普通变量的操作没有区别。

(2) 把字符数组作为字符串输入/输出。

把字符数组作为字符串输入/输出,只需要在之前已用到的输入/输出函数 printf 和 scanf 中使用格式符为"%s"即可。

例 5.10 将两个字符串分别输入两个字符数组,并把这两个数组中的字符串依次输出。

【程序代码】

```
#include <stdio.h>
main()
{
    char s1[] = "Hello!";
    char s2[50];
    printf("What's your name? \n");
    scanf(" %s",s2);
    printf("\n %s %s\n",s1,s2);
}
```

【运行结果】

```
What's your name?
Richard

Hello! Richard
```

值得注意的是,与处理单个字符不同,当把字符数组中的字符作为字符串输出时,必须保证在这个数组中包含字符串结束符。另外,对于一维字符数组,输入时在 scanf 函数中仅给出数组名;输出时,在 printf 函数中也只给出数组名。

5.4.4 字符串处理函数

在 C 语言中,有字符常量、字符变量和字符串常量,但没有设置专门存放字符串的变量,对于字符串的处理可以通过字符数组实现,即用一个字符数组保存字符串。前面介绍字符串常量时,已说明字符串总是以'\0'作为串的结束符。因此当把一个字符串存入一个数组时,也把结束符'\0'存入数组,并以此作为该字符串是否结束的标志。有了'\0'标志后,就不必再用字符数组的长度来判断字符串的长度了。

字符数组与字符串既有联系又有区别,下面是同学们需要认真理解的几个要点:

(1) 字符串一定要用字符数组保存,但字符数组保存的不一定是字符串;

(2) 字符串是最后一个字符为'\0'字符的字符数组,字符串一定是字符数组;

(3) 字符数组的长度是固定的,其中的任何一个字符都可以为'\0'字符。

(4) 字符串只能以'\0'结尾,在字符数组中出现的第一个'\0'后的字符便不属于该字符串。

(5) 如 strlen()等用于字符串处理的库函数对字符串完全适用,对不是字符串的字符数组不适用。

C语言提供了丰富的字符串处理函数,大致可分为字符串的输入、输出、合并、修改、比较、转换、复制、搜索等。使用这些函数可大大减轻编程的负担。用于输入/输出的字符串函数,在使用前应包含头文件<stdio.h>,使用其他字符串函数则应包含头文件<string.h>。下面是几个最常用的字符串函数。

(1) 字符串输出函数 puts

格式:puts (字符数组名)

功能:把字符数组中的字符串输出到显示器,即在屏幕上显示该字符串。

例 5.11 puts 函数示例。

【程序代码】

```
#include"stdio.h"
main()
{
  char c[] = "Hello\nComputer!";
  puts(c);
}
```

【运行结果】

```
Hello,
Computer!
```

从程序中可以看出 puts 函数中可以使用转义字符,因此输出结果成为两行。puts 函数完全可以由 printf 函数取代。当需要按一定格式输出时,通常使用 printf 函数。

(2) 字符串输入函数 gets

格式:gets (字符数组名)

功能:从标准输入设备键盘上输入一个字符串。该函数得到一个函数值,即为该字符数组的首地址。

例 5.12 gets 函数示例。

```
#include"stdio.h"
main()
{
  char st[15];
```

```
  printf("input string:\n");
  gets(st);
  puts(st);
}
```

【运行结果】

```
input string:
Hello, world!
Hello, world!
```

可以看出当输入的字符串中含有空格时，输出仍为全部字符串，说明 gets 函数并不以空格作为字符串输入结束的标志，而只以回车作为输入结束。这是与 scanf 函数不同的。

(3) 字符串连接函数 strcat

格式：strcat (字符数组名 1，字符数组名 2)

功能：把字符数组 2 中的字符串连接到字符数组 1 中字符串的后面，并删去字符串 1 后的串标志“\0”。该函数返回值是字符数组 1 的首地址。

例 5.13 strcat 示例。

【程序代码】

```
#include <stdio.h>
#include <string.h>
void main()
{
  static char st1[30] = "Your name is: ";
  char st2[10];
  printf("input your name:\n");
  gets(st2);
  strcat(st1,st2);
  puts(st1);
}
```

【运行结果】

```
input your name:
Richard
Your name is: Richard
```

本程序把初始化赋值的字符数组与动态赋值的字符串连接起来。要注意的是，字符数组 1 应定义足够的长度，否则不能全部装入被连接的字符串。

(4) 字符串拷贝函数 strcpy

格式：strcpy (字符数组名 1，字符数组名 2)

功能：把字符数组 2 中的字符串复制到字符数组 1 中。串结束标志"\0"也一同复制。字符数名 2 也可以是一个字符串常量。这时相当于把一个字符串赋予一个字符数组。

例 5.14 strcpy 函数示例。

```
#include <stdio.h>
```

```
#include <string.h>
main()
{
  char st1[15],st2[] = "Hello World!";
  strcpy(st1,st2);
  puts(st1);
  printf("\n");
}
```

【运行结果】

```
Hello World!
```

本函数要求字符数组 1 应有足够的长度，否则不能全部装入所复制的字符串，造成程序运行时崩溃。同学们可以将例 5.14 中数组 st1 的长度改为 5 或其他小于 12 的整数，重新编译和运行，看看结果。

(5) 字符串比较函数 strcmp

格式：strcmp(字符数组名 1，字符数组名 2)

功能：按照 ASCII 码的顺序比较两个数组中的字符串，并由函数返回值返回比较结果。

　　字符串 1 ＝ 字符串 2，返回值 ＝ 0；

　　字符串 1 ＞ 字符串 2，返回值 ＞ 0；

　　字符串 1 ＜ 字符串 2，返回值 ＜ 0。

本函数可用于比较两个字符串常量，也可以比较字符数组和字符串常量。

例 5.15　strcmp 函数示例。

```
#include <stdio.h>
#include <string.h>
void main()
{
    int k;
    static char st1[15],st2[] = "Hello";
    printf("input a string:\n");
    gets(st1);
    k = strcmp(st1,st2);
    if(k == 0) printf("%s = %s\n", st1, st2);
    if(k>0) printf("%s > %s\n", st1, st2);
    if(k<0) printf("%s < %s\n", st1, st2);
}
```

【运行结果】

```
input a string:
World
World > Hello
```

程序中把输入的字符串和数组 st2 中的串比较，比较结果返回到 k 中，根据 k 值再输出结果提示串。当输入为“dBASE”时，由 ASCII 码可知“dBASE”大于“C Language”，因此 k>0，输出结果为“st1>st2”。

(6) 计算字符串长度函数 strlen

格式：strlen(字符数组名)

功能：计算字符串的实际长度(不含字符串结束标志'\0')并作为函数返回值。

例 5.16 strlen 函数示例。

```
#include <stdio.h>
#include <string.h>
void main()
{ int k;
  static char st[]="Hello World!";
  k=strlen(st);
  printf("Length of the string \"%s\" is %d\n",st,k);
}
```

【运行结果】

```
Length of the string "Hello World!" is 12
```

5.5 数组作为函数参数

数组可以作为函数的参数使用，进行数据传送。数组用作函数参数有两种形式：一种是把数组元素(又称为下标变量)作为实参使用；另一种是把数组名作为函数的形参和实参使用。

5.5.1 数组元素作为函数实参

数组元素就是下标变量，它与普通变量并无区别，因此它作为函数实参使用时与普通变量是完全相同的，在发生函数调用时，把作为实参的数组元素的值传送给形参，实现单向的值传送。

例 5.17 判别一个包含多个学生学习成绩的数组中各元素的值，若大于或等于 60 则输出该值，若小于 0 则输出“不及格”。

【程序代码】

```
#include <stdio.h>
void printscore(float v)
{
     if(v>=0 && v<60)
          printf("%f: 不及格",v);
     else if(v>=60 && v<=100)
          printf("%f: 及格",v);
     else
          printf("%f: 无效的分数",v);
```

```
    printf("\n");
}
void main()
{
    float a[6];
    printf("Input 6 scores: \n");
    for(int i = 0;i<6;i ++ )
    {
        scanf(" % f",&a[i]);
        printscore(a[i]);
    }
}
```

【运行结果】

```
Input 6 scores:
34.5 78 98 -23 60 100
34.500000: 不及格
78.000000: 及格
98.000000: 及格
-23.000000: 无效的分数
60.000000: 及格
100.000000: 及格
```

本程序中首先定义一个无返回值函数 printscore，并说明其形参 v 为 float 型变量。在函数体中根据 v 值输出相应的结果。在 main 函数中用一个 for 语句输入数组各个元素，每输入一个就以该元素作实参调用一次 printscore 函数，即把 a[i]的值传送给形参 v，供 printscore 函数使用。可以看出，作为函数实参使用时，数组元素与普通变量并没有区别。

5.5.2　数组元素作为函数实参

用数组名作函数参数与用数组元素作实参有以下几点不同。

(1) 用数组元素作实参时，只要数组类型和函数的形参变量的类型一致，那么作为下标变量的数组元素的类型也和函数形参变量的类型是一致的。因此，并不要求函数的形参也是下标变量。换句话说，对数组元素的处理是按普通变量对待的。用数组名作函数参数时，则要求形参和相对应的实参都必须是类型相同的数组，都必须有明确的数组说明。当形参和实参二者不一致时，即会发生错误。

(2) 在普通变量或下标变量作函数参数时，形参变量和实参变量是由编译系统分配的两个不同的内存单元。在函数调用时发生的值传送是把实参变量的值赋予形参变量。在用数组名作函数参数时，不是进行值的传送，即不是把实参数组的每一个元素的值都赋予形参数组的各个元素。因为实际上形参数组并不存在，编译系统不为形参数组分配内存。那么，数据的传送是如何实现的呢？在我们曾介绍过，数组名就是数组的首地址。因此在数组名作函数参数时所进行的传送只是地址的传送，也就是说把实参数组的首地址赋予形参数组名。形参数组名取得该首地址之后，也就等于有了实在的数组。实际上是形参数组和实参数组为同一数组，共同拥有一段内存空间。因此，在函数中任何对形参的操作都会直接反映到实参，换句话说就是，对形参的操作就等于对实参的操作。这种参数传递的方式称为“地址传递”，在讨论指针类型的时候还会详细讨论。

例 5.18 数组 arr 中存放了一个学生 5 门课程的成绩，求平均成绩、最大值和最小值。

【程序代码】

```
#include <stdio.h>
void process(float a[5],float ret[])
{
    int i;
    ret[0] = 0;       //平均成绩
    ret[1] = 0;       //最大值
    ret[2] = 100;     //最小值
    for(i=0;i<5;i++){
    ret[0] += a[i];
    if(ret[1] < a[i])
        ret[1] = a[i];
    if(ret[2] > a[i])
        ret[2] = a[i];
    }
    ret[0] = ret[0]/5;
}
void main()
{
    float score[5],r[3];
    printf("\nInput 5 scores:\n");
    for(int i=0;i<5;i++)
        scanf("%f",&score[i]);
    process(score,r);
    printf("Average score : %5.2f\n",r[0]);
    printf("Max score : %5.2f\n",r[1]);
    printf("Min score : %5.2f\n",r[2]);
}
```

【运行结果】

```
Input 5 scores:
88 67.5 34 99.5 60 78
Average score : 69.80
Max score : 99.50
Min score : 34.00
```

本程序首先定义了一个 float 型函数 process，process 的第一个形参为长度是 5 的实型数组 a，用于输入要处理的数据，第二个形参为数组 ret，用于从函数 process 中对外传递处理的结果。在函数 process 中,把各元素值相加求出平均值,赋值给 ret 数组的第一个元素,求出最大值赋值给 ret 数组的第二个元素,求出最小值赋值给 ret 数组的第三个元素。主函数 main 中首先完成数组 sco 的输入,同时声明一个可以包含三个 float 型数据的数组 r 用于保存函数 process 的处理结果,然后以 sco 和 r 作为实参调用 process 函数,待 process 函数返回后,main 函数内直接使用 r 数组的内容输出计算结果。从运行情况可以看出,程序实现了所要求的功能。在函数形参表中,允许不给出形参数组的长度,数组的长度由全局变量确定或由主调函数用一个变量传递给被调函数。例 5.19 中形参数组 ret 的长度没有给定,但是 main 函数和 process 函数都约定了 ret 数组的各个元素的具体作用,也是可以的。

从上例中还可以看出,用数组作为参数,可以从被调函数向主调函数返回多个值,这比使用函数的返回值具有一定的优势,在一些情况下非常合适数据的传递。

5.6　数组应用举例

例 5.19　输出斐波那契数列的前 30 项。

【分析】"斐波那契数列"的发明者是意大利数学家列昂纳多·斐波那契。斐波那契数列指的是这样一个数列:0,1,1,2,3,5,8,13,21,…这个数列从第三项开始,每一项都等于前两项之和。在数学上,斐波那契数列是以递归的方法来定义:

$$\begin{cases} F_0=0 \\ F_1=1 \\ F_n=F_{n-1}+F_{n-2} \end{cases}$$

用数组的形式表达就是 a[i]=a[i-1]+a[i-2],i=2,3,…。下面用数组求取该数列的前 M (M=30)项。

【程序代码】

```
#include <stdio.h>
#define M 30
void main( )
{
int a[M] = {0,1},i;
    for( i = 2;i<M; ++ i)             //计算第 i 个元素
        a[i] = a[i - 1] + a[i - 2];    //求第 i + 1 项
    for(i = 0;i<M; ++ i)
     {
        printf(" % 8d",a[i]);
        if((i + 1) % 5 == 0)          //若一行输出的数据个数已有 5 个,则换行
            printf("\n");
     }
}
```

【运行结果】

```
    0       1       1       2       3
    5       8      13      21      34
   55      89     144     233     377
  610     987    1597    2584    4181
 6765   10946   17711   28657   46368
75025  121393  196418  317811  514229
```

例 5.20 中 main 函数内第一个语句定义了含有 M 个元素的数组 a，并将数组的前两个元素分别赋初值为 0 和 1，其余元素赋初值为 0。紧接其后的 for 语句依据递推公式，用第 i－2 个和第 i－1 个元素的值计算第 i 个元素的值并写入数组中对应位置，直至所有元素都计算完毕。第二个 for 循环用于按格式输出数组，每行输出 5 个，因此当数组下标 i＋1 的值能整除 5 时就输出一个换行符号。

例 5.20 将一组随机的数列按从小到大的顺序排序。

【分析】所谓排序，就是使一串记录按照其中的某个或某些关键字的大小，按递增或递减排列起来的操作。一般的排序方法有插入、交换、选择、合并等，其中冒泡排序(bubble sort)是一种常见的交换排序方法。冒泡排序的基本思想是：每一次将最具有特征的一个数放到序列的最前面或者最后面。例如，如果需要将一组 n 个数字以从小到大的顺序排列，那么在每一次循环中，都将最大的一个数找出来，放在最后面，这样经过 n 次循环以后，整个序列就呈现出了从小到大的排列了。也可以设计从序列的最后面开始，找出序列中最小的一个数放到序列的最前面，这样经过 n 次循环也可以实现数组的排列。这种排序方法由于每一次找到的数字都像是气泡一样从数组里冒出来而得名为“冒泡排序”。

【程序代码】

```
#include <stdio.h>
void sort_bubble(int a[],int n)
{
    int i,j,temp;
    for(i = 0;i<n - 1;i ++ )
        for(j = i + 1;j<n;j ++ ) /* 注意循环的上下限 */
            if(a[i]>a[j])
            {
                temp = a[i];
                a[i] = a[j];
                a[j] = temp;
            }
}
void main( )
{
    int i,a[8] = {17,4,8,67,23,45,6,9};
    for(i = 0;i<8;i ++ )
    {
        printf("%6d",a[i]);
```

```
    }
    printf("\n");
    sort_bubble(a,8);
    for(i = 0;i<8;i ++ )
    {
        printf(" %6d",a[i]);
    }
    printf("\n");
}
```

【运行结果】

```
   17     4     8    67    23    45     6     9
    4     6     8     9    17    23    45    67
```

冒泡排序的具体过程如下：

第一轮处理 a[0]，先比较 a[0]和 a[1]，若 a[0]>a[1]，则交换 a[0]和 a[1]的值，否则不交换。继续对 a[1]和 a[2]重复上述过程，直到处理完 a[n-1]和 a[n]。这时最大的值已经转到了最后位置，称第 1 次起泡，共执行 n-1 次比较。第二轮与第一轮类似，从 a[0]和 a[1]开始比较，因为 a[n]已经是最大值，不参加比较，第二轮只比较到 a[n-2]和 a[n-1]为止，共执行 n-2 次比较。依次类推，共进行 n-1 轮起泡，完成整个排序过程。

如果排列的初始状态是正序的，那么一趟扫描即可完成排序，所需关键字比较次数为 n-1 次，记录移动次数为 0。因此，冒泡排序最好的时间复杂度为 O(n)。反之，若初始排列是反序的，则需要进行 n-1 趟排序，每趟排序要进行 n-i 次关键字的比较(1<=i<=n-1)，且每次比较都必须移动记录三次来达到交换记录位置。在这种情况下，比较次数达到最大值 $n(n-1)/2=O(n^2)$，移动次数也达到最大值 $3n(n-1)/2=O(n^2)$。因此，冒泡排序的最坏时间复杂度为 $O(n^2)$。

例 5.21 打印杨辉三角形。

杨辉三角形，西方叫帕斯卡三角形，其实就是各阶二项式系数排列起来构成的三角形，每行的数字实际上是 $(a+b)^n$ 展开后的结果。第一列和对角线上的数字都是 1，其他数字则是其左上方数字和正上方数字之和。下面，我们用二维数组实现杨辉三角形的输出。

【程序代码】

```
#include <stdio.h>
#define N 10
main()
{
    int a[N][N],i,j;
    for(i = 0;i<N;i ++ )
    {
        a[i][i] = 1;
        a[i][0] = 1;
```

```
        }
        for(i = 2;i<N;i ++ )
            for(j = 1;j<i;j ++ )
                a[i][j] = a[i - 1][j - 1] + a[i - 1][j];
        for(i = 0;i<N;i ++ )
        {
            for(j = 0;j< = i;j ++ )
                printf(" % 6d",a[i][j]);
            printf("\n");
        }
    }
```

【运行结果】

```
     1
     1     1
     1     2     1
     1     3     3     1
     1     4     6     4     1
     1     5    10    10     5     1
     1     6    15    20    15     6     1
     1     7    21    35    35    21     7     1
     1     8    28    56    70    56    28     8     1
     1     9    36    84   126   126    84    36     9     1
```

例 5.22 已知某班 M(为了简单,取 M=3)个学生的姓名、学号,以及英语、体育和数学三门课的成绩,编写一个程序,完成下列工作:

(1) 全班每个学生姓名、学号和三门课成绩的输入及总分计算;

(2) 统计各科的总成绩;

(3) 当给出学生姓名或学号时,检索出该生每门功课的成绩及总成绩。

【程序代码】

```
#include <stdio.h>
#include <string.h>
#define RS 3
char name[RS][10];
int no[RS];
float degree[RS][4];
void input()
{
    int i;
    printf("请输入数据:\n");
    for (i = 1;i< = RS;i ++ )
    {
```

```
        printf("  第%d个学生\n",i);
        printf("          姓名:");
        scanf("%s",&name[i-1]);
        printf("          学号:\t");
        scanf("%d",&no[i-1]);
        printf("        英语成绩:\t");
        scanf("%f",&degree[i-1][0]);
        printf("        体育成绩:\t");
        scanf("%f",&degree[i-1][1]);
        printf("        数学成绩:\t");
        scanf("%f",&degree[i-1][2]);
    degree[i-1][3]=degree[i-1][0]+degree[i-1][1]+degree[i-1][2];
    }
}
void sum()
{
    int i;
    float s1=0,s2=0,s3=0;
    printf("--------------------------\n");
    for (i=0;i<RS;i++)
    {
        s1+=degree[i][0];
        s2+=degree[i][1];
        s3+=degree[i][2];
    }
    printf("    英语总成绩:%g\n",s1);
    printf("    体育总成绩:%g\n",s2);
    printf("    数学总成绩:%g\n",s3);
    printf("--------------------------\n");
}
void query()
{
    int sel,bh,i;
    char xm[8];
    printf("数据查询\n");
    printf("1.姓名  2.学号  \n请选择:\t");
    scanf("%d",&sel);
```

```
    switch(sel)
    {
        case 1:printf("输入姓名:\t");
            scanf("%s",&xm);
            for (i=0;i<RS;i++)
                if (strcmp(xm,name[i])==0)
                {
                    printf("        姓名:%s\n",name[i]);
                    printf("        学号:%d\n",no[i]);
                    printf("    英语成绩:%g\n",degree[i][0]);
                    printf("    体育成绩:%g\n",degree[i][1]);
                    printf("    数学成绩:%g\n",degree[i][2]);
                    printf("      总成绩:%g\n",degree[i][3]);
                }
            break;
        case 2:printf("输入学号:\t");
            scanf("%d",&bh);
            for (i=0;i<RS;i++)
                if (bh==no[i])
                {
                    printf("        姓名:%s\n",name[i]);
                    printf("        学号:%d\n",no[i]);
                    printf("    英语成绩:%g\n",degree[i][0]);
                    printf("    体育成绩:%g\n",degree[i][1]);
                    printf("    数学成绩:%g\n",degree[i][2]);
                    printf("      总成绩:%g\n",degree[i][3]);
                }
            break;
    }
}
main()
{
    input();
    sum();
    query();
}
```

【运行结果】

```
请输入数据:
 第1个学生
        姓名:TOM
        学号: 1
    英语成绩: 89
    体育成绩: 78
    数学成绩: 65
 第2个学生
        姓名:SAM
        学号: 2
    英语成绩: 100
    体育成绩: 69
    数学成绩: 93
 第3个学生
        姓名:Alice
        学号: 3
    英语成绩: 85
    体育成绩: 90
    数学成绩: 77
-------------------------
   英语总成绩:274
   体育总成绩:237
   数学总成绩:235
--------------------------
数据查询
1.姓名  2.学号
请选择:
```

程序中定义一维数组 no 存储学生学号，二维数组 name 存储学生姓名，二维数组 degree 存储学生三门课成绩及总分。

例 5.23　编写一个程序，计算一个字符串中子串出现的次数(字符串的字符数不大于 200)。

【程序代码】

```
#include <stdio.h>
main()
{
    int i,j,k,count = 0;
    char s1[200],s2[200];
    printf("主字符串:\t");
    gets(s1);
    printf("子字符串:\t");
    gets(s2);
    for (i = 0;s1[i];i ++ )
        for (j = i,k = 0;s1[j] == s2[k];j ++ ,k ++ )
            if (! s2[k + 1])
                count ++ ;
    printf("出现次数:\t%d\n",count);
```

}

【运行结果】

```
主字符串:      are he fhe are hehehe faaheaher
子字符串:      he
出现次数:      7
```

本章小结

本章主要介绍数组的概念和使用方法。首先介绍了一维数组和二维数组的声明与使用方法,以及数组元素的初始化。通过举例说明了使用数组配合循环结构,特别是for循环结构,可以使C语言代码非常简洁。接下来,本章介绍了C语言中字符串的存储结构——字符数组,以及C语言中字符串处理的基本函数,包括puts(字符串输出)、gets(字符串输入)、strcat(字符串连接)、strcpy(字符串复制)、strcmp(字符串比较)和strlen(求字符串长度)。最后,介绍了使用数组作为函数参数传递多个数据的方法。

习题五

一、选择题

(1) 在C语言中,引用数组元素时,其数组下标的数据类型允许是(　　)。

(A) 整型常量　　(B) 整型表达式

(C) 整型常量或整型表达式　　(D) 任何类型的表达式

(2) 以下对一维整型数组a的正确说明是(　　)。

(A) int a(10);　　(B) int n=10,a[n];

(C) int n;　　(D) #define SIZE 10

scanf("%d",&n);　　int a[SIZE];

int a[n];

(3) 若有说明:int a[10];则对a数组元素的正确引用是(　　)。

(A) a[10]　　(B) a[3.5]　　(C) a(5)　　(D) a[10-10]

(4) 在C语言中,一维数组的定义方式为:类型说明符 数组名(　　)。

(A) [整型常量表达式]　　(B) [整型表达式]

(C) [整型常量]或[整型表达式]　　(D) [常量]

(5) 以下能对一维数组a进行正确初始化的语句是(　　)。

(A) int a[10]=(0,0,0,0,0);　　(B) int a[10]={};

(C) int a[]={0,0,0};　　(D) int a[10]="10 * 1";

(6) 以下对二维数组a的正确说明是(　　)。

(A) int a[3][];　　(B) float a(3,4);

(C) double a[1][4];　　(D) float a(3)(4);

(7) 若有说明int a[3][4];,则对a数组元素的正确引用是(　　)。

(A) a[2][4]　　(B) a[1,3]　　(C) a[1+1][0]　　(D) a(2)(1)

(8) 若有说明 int a[3][4];,则对 a 数组元素的非法引用是(　　)。

(A) a[0][2*1]　　(B) a[1][3]　　(C) a[4-2][0]　　(D) a[0][3]

(9) 以下能对二维数组 a 进行正确初始化的语句是(　　)。

(A) int a[2][]={{1,0,1},{5,2,3}};

(B) int a[][3]={{1,2,3},{4,5,6}};

(C) int a[2][4]={{1,2,3},{4,5},{6}};

(D) int a[][3]={{1,0,1},{},{1,1}};

(10) 以下不能对二维数组 a 进行正确初始化的语句是(　　)。

(A) int a[2][3]={0};

(B) int a[][3]={{1,2},{0}};

(C) int a[2][3]={{1,2},{3,4},{5,6}};

(D) int a[][3]={1,2,3,4,5,6};

(11) 若有说明 int a[3][4]={0};,则下面正确的叙述是(　　)。

(A) 只有元素 a[0][0]可得到初值 0

(B) 此说明语句不正确

(C) 数组 a 中各元素都可得到初值,但其值不一定为 0

(D) 数组 a 中每个元素均可得到初值 0

(12) 若有说明 int a[][4]={0,0};,则下面不正确的叙述是(　　)。

(A) 数组 a 的每个元素都可得到初值 0

(B) 二维数组 a 的第一维大小为 1

(C) 因为二维数组 a 中第二维大小的值除以初值个数的商为 1,故数组 a 的行数为 1

(D) 只有元素 a[0][0]和 a[0][1]可得到初值 0,其余元素均得不到初值 0

(13) 若有说明 int a[3][4];则全局数组 a 中各元素(　　)。

(A) 可在程序的运行阶段得到初值 0

(B) 可在程序的编译阶段得到初值 0

(C) 不能得到确定的初值

(D) 可在程序的编译或运行阶段得到初值 0

(14) 以下各组选项中,均能正确定义二维实型数组 a 的选项是(　　)。

(A) float a[3][4];
　　float a[][4];
　　float a[3][]={{1},{0}};

(B) float a(3,4);
　　float a[3][4];
　　float a[][]={{0};{0}};

(C) float a[3][4];
　　static float a[][4]={{0},{0}};
　　auto float a[][4]={{0},{0},{0}};

(D) float a[3][4];
　　float a[3][];
　　float a[][4];

(15) 下面程序如果只有一个错误,那么是(　　)。

```
#include <stdio.h>
void main()
{
```

```
  float a[3] = {3 * 0};
  int i;
  for(i = 0;i<3;i++) scanf(" % d",&a[i]);
  for(i = 1;i<3;i++) a[0] = a[0] + a[i];
  printf(" % d\n",a[0]);
}
```

(A) 第3行有错误　　(B) 第7行有错误

(C) 第5行有错误　　(D) 没有错误

(16) 下面程序(　　)。

```
#include <stdio.h>
main()
{
  float a[10] = {0.0};
  int i;
  for(i = 0;i<3;i++) scanf(" % d",&a[i]);
  for(i = 1;i<10;i++) a[0] = a[0] + a[i];
  printf(" % f\n",a[0]);
}
```

(A) 没有错误　　(B) 第3行有错误

(C) 第5行有错误　　(D) 第7行有错误

(17) 下面程序中有错误的行是第(　　)行。

```
#include <stdio.h>
main()
{
    float a[3] = {1};
    int i;
    scanf(" % d",&a);
    for(i = 1;i<3;i++) a[0] = a[0] + a[i];
    printf("a[0] = % d\n",a[0]);
}
```

(A) 3　　(B) 6　　(C) 7　　(D) 5

(18) 下面程序(　　)。

```
#include <stdio.h>
main()
{
  float a[3] = {0};
  int i;
  for(i = 0;i<3;i++) scanf(" % f",&a[i]);
  for(i = 1;i<4;i++) a[0] = a[0] + a[i];
```

```
    printf("%f\n",a[0]);
}
```

(A) 没有错误　　(B) 第3行有错误

(C) 第5行有错误　　(D) 第6行有错误

(19) 若二维数组a有m列,则计算任一元素a[i][j]在数组中位置的公式为(　　)。(假设a[0][0]位于数组的第一个位置上。)

(A) i*m+j　　(B) j*m+i　　(C) i*m+j-1　　(D) i*m+j+1

(20) 对以下说明语句的正确理解是(　　)。

```
int a[10]={6,7,8,9,10};
```

(A) 将5个初值依次赋给a[1]至a[5]

(B) 将5个初值依次赋给a[0]至a[4]

(C) 将5个初值依次赋给a[6]至a[10]

(D) 因为数组长度与初值的个数不相同,所以此语句不正确

二、填空题

(1) 在C语言中,定义数组int a[12]={1,2,3,4,5,6,7,8,9,10,11,12},则a[3]的值为________。

(2) 在C语言中,定义数组int a[7]={3,4,5,6,7,8,9},则a[5]的值为________。

(3) 在C语言中,定义数组int a[2][4]={3,4,5,6,7,8,9,10},则a[0][3]的值为________。

(4) 在C语言中,能实现字符串连接的函数是________。

(5) 在C语言中,能用于将字符输出到标准输出设备的函数是________。

(6) 在C语言中,能用于字符串的比较的函数是________。

(7) 在C语言中,函数调用:strcat(strcpy(str1,str2),str3)的功能是________。

(8) 在C语言中,若定义int a[4][6],则数组a有________个元素。

(9) 在C语言中,若有定义float a[5][4],则数组a可以有________个元素。

(10) 在C语言中,若有定义:static int x[2][3]={2,3,4,5,6,7},则表达式*x[0]的值为________。

(11) 在C语言中,若有定义:static int x[2][3]={2,3,4,5,6,7},则表达式*x[1]的值为________。

(12) 在C语言中,定义char a[]={'a','b','l','l','o'},已知字符'b'的ASCII码为98,则语句

```
printf("%d\n",a[0]);
```

的值为________。

(13) 在C语言中,有以下定义:

```
char b[10]={'h','n','s','p','k','s'};
```

则语句

```
printf("%c\n",b[1]);
```

的结果为________。

(14) 在C语言中,若有定义和语句:

```
char s[10];s = "abcd";printf(" % s\n",s);
```

则结果是(以下u代表空格):________。

(15) 在C语言中,若有以下程序片段:

```
char str[] = "abcd";
printf( % d\n",strlen(str));
```

上面程序片段的输出结果是________。

(16) 在C语言中,有语句

```
static char str[ ] = "Beijing";
```

则执行语句

```
printf(" % d\n", strlen(strcpy(str, "China")));
```

后的输出结果为________。

三、编程题

(1) 已知5个整数3,−5,8,2,9,求出最大值、最小值和平均值并输出。

(2) 从键盘输入10个实数,按从小到大的顺序排列起来。

第6章 指 针

指针是C语言的一个重要特色，也是C语言中广泛使用的一种数据类型。指针的使用可以使程序更加简洁、更加紧凑，能有效提高程序的效率。因为指针可以直接处理内存地址，因此正确运用指针可以方便地使用数组和字符串，能灵活地控制函数调用中的数据传递。

指针作为C语言的精华极大地丰富了C语言的功能，每一个学习和使用C语言的人都应当学好指针。但指针的概念比较抽象和复杂且使用灵活，因此容易被误用，产生意想不到的后果，读者务必在学习中多思考、多动手，做到正确理解和使用指针。本章由浅入深地介绍了指针的概念以及指针在数组及内存管理等方面的应用。

6.1 指针的概念

了解指针之前，先看一个现实中的实例。假设一个学校有10栋教学楼，每栋教学楼有若干教室。现在某个同学要去上C语言的课程，但他不知道在哪栋教学楼的哪个教室，显然这是没办法顺利上课的。解决的方法就是将教室的具体位置弄清楚。获得教室的具体位置，首先要将教学楼给予具体的编号，10栋教学楼依次编号为1～10，然后再将每个教室按楼层等顺序依次编号，经过这样的操作后，每个教室就有了唯一的标识可供大家进行精确的定位，如10-108教室。

同样，在C语言中为了更好地管理内存，编译系统为每个字节的存储空间都预设了一个编号。在了解指针概念之前，先弄清楚数据是如何通过这样的编号方式在内存中存储的，又是如何读取的。

在前面的章节中，我们了解到数据的使用是通过定义变量的方法实现的。如果在程序中定义了一个变量，在对程序进行编译时，系统就会给这个变量分配内存单元。所有的变量根据其定义时所指定的类型，在内存中占用一个或几个连续的字节。例如，TC为单精度浮点型变量分配4个字节，为字符型变量分配1个字节，而Visual C＋＋为整型变量分配4个字节。不论变量在内存中占用多少字节的单元，都必然有对应的一个或多个内存编号与其对应，通常将所占单元的第1个字节的编号称为该变量的“地址”，它相当于前例中的教室号。在地址所标志的内存单元中存放的数据则相当于教室内上课的学生。

通过地址能准确找到对应的变量单元，即地址指向该变量。如前例中，可以通过10-108编号找到第10教学楼的1楼第8个教室。因此，将地址形象地称为“指针”，简单地说，指针就是地址。这里的地址是指内存地址，但是与我们日常生活中的地址很相似，它说明了某一个对象（对程序来说是数据，对生活中的对象可以是人，也可以物等）所处的位置。

为了更好地理解指针的概念,先通过图形化的方式更形象地理解内存空间、内存地址及变量存储的概念。

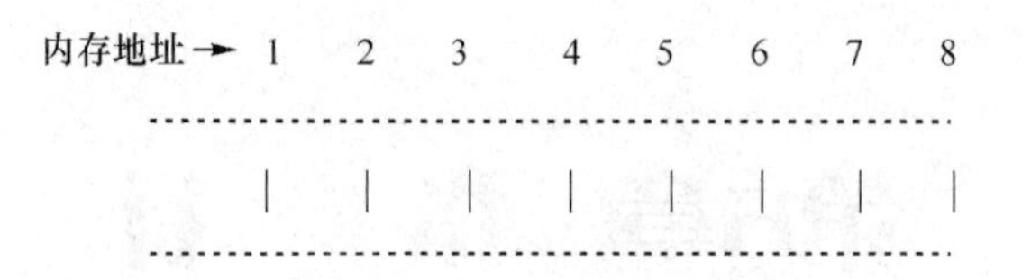

图 6.1　内存空间及地址

如图 6.1 所示,内存是一个存放数据的空间,其中按字节分有很多不同的单元。内存中要存放各种各样的数据,为了区分各单元,要对内存进行编号,即内存编址。内存是按一个字节一个字节进行编址,如图 6.1 所示。每个字节都有个编号,将其称之为内存地址。

有了存储空间,可以向其中存放数据,首先进行变量声明,如:

```
int i;
char a;
```

该变量声明的作用是在内存中申请一个名为 i 的整型变量宽度的空间(不同编译系统所分配的空间不同,具体参看数据类型章节)和一个名为 a 的字符型变量宽度的空间(占 1 个字节)。变量声明后在内存中的映像如图 6.2 所示。

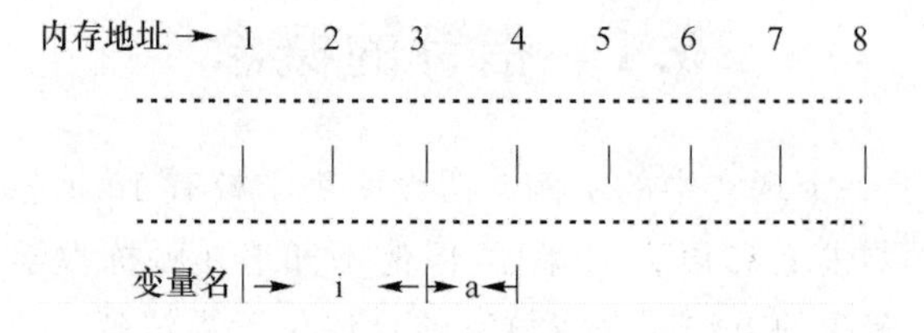

图 6.2　变量声明后内存空间的映像

从图中可看出,i 在内存中占用了地址为 1、2 的两个字节的空间(TC 编译系统),并命名为 i;a 在内存中占用了地址为 3 的一字节空间,并命名为 a。

接下来,给变量赋值:

```
i = 5;
a = ´k´;
```

变量赋值后在内存中的映像如图 6.3 所示。

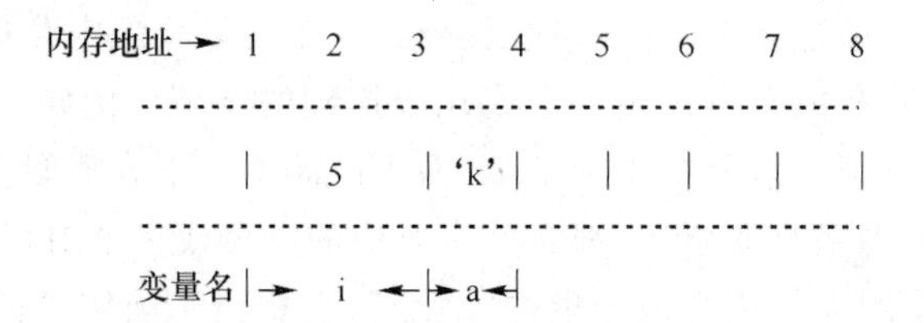

图 6.3　变量赋值后内存空间的映像

当变量被声明并且赋值后,就可以使用该变量,在程序中一般通过变量名来引用变量的值,例如:

```
printf(" %d\n",i);
```

我们在屏幕上所看到的输出结果是 i 中所存储的数据 5,实际上,编译系统是先通过变量

名i找到相应内存单元的地址1,再从地址1对应的内存单元进行存取操作的。又如:

```
scanf("%c",&a);
```

在编译时,系统将键盘输入的值送入地址为3的字符型内存单元中。

这种用变量名来访问变量值的方式是C语言中频繁使用的,通常将这种方式称为"直接访问"方式。

另外还有一种变量的访问方式称为"间接访问",先举一个生活当中的例子来说明间接访问。比如B向A借一本书,A到B的宿舍后发现B不在宿舍,于是A把书放在B书架的第1层第1格上,并将书所放位置写在纸条上放在B的桌上。当B回来时,看到纸条就能按照纸条的指示准确地找到书了。C语言中的"间接访问"是将变量的地址存放在另一个变量中,然后通过该变量获得要访问的内存地址,根据得到的地址访问目的变量,如图6.4所示。

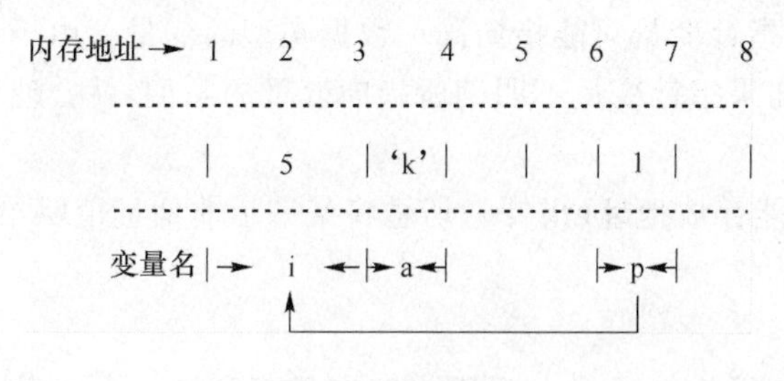

图6.4 间接访问

图中的变量p用来存放变量i的地址1,可以从p中获取地址后访问地址1所对应的变量i。从图中可以看出,变量p中存放的地址值可以指向变量i的内存单元,使得p和i之间建立起了一种联系。

一个变量的地址称为该变量的"指针"。用来存放另一变量地址的变量称为"指针变量",上述的p就是一个指针变量。指针变量就是地址变量,用来存放地址,指针变量的值是地址,也只能用于存放地址值。大家在学习指针时一定要认真区分指针和指针变量。

6.2 指针变量的定义与运算

从上节已知,存放地址的变量是指针变量,它是用来存放地址并指向另一个对象的,那么,怎么定义和使用指针变量呢?

和一般变量一样,指针变量仍应遵循先定义、后使用的原则,定义时指明指针变量的名字和类型。指针变量可以参与各种运算,如赋值、加减、关系比较等。

6.2.1 指针变量的定义

1. 指针变量的定义

指针变量的定义形式为:

类型名 *指针变量名;

例如:

```
int *p;                    //定义一个指向整型变量的指针变量p
int *p1, *p2;              //定义两个指向整型变量的指针变量p1,p2
```

```
float *q;                    //定义一个指向单精度实型变量的指针变量q
double *d;                   //定义一个指向双精度实型变量的指针变量d
char *c;                     //定义一个指向字符型变量的指针变量c
```

定义语句中左端的类型符是在定义指针时必须指定的“基类型”。指针变量的基类型用来指定指针变量可以指向的变量的类型。如上例中的指针变量p、p1、p2的基类型为int,可以用来指向整型的变量,不能指向其他类型变量。

几点说明:

(1) C语言规定所有变量必须先定义后使用,指针变量也不例外,为了表示指针变量是存放地址的特殊变量,定义变量时在变量名前加指向符号“*”。

(2) 定义指针变量时,不仅要定义指针变量名,还必须指出指针变量所指向的变量的类型(基类型),或者说,一个指针变量只能指向同一数据类型的变量。由于不同类型的数据在内存中所占的字节数不同,如果指针变量不明确所指向变量的类型,就会使系统无法管理变量的字节数,从而引发错误。

(3) 指针变量中只能存放地址(指针),切忌将某一个非地址值赋给指针变量。如:

```
int *p;
p=55;
```

此处p为指针变量,操作者误将p看成一般变量而赋值一个整数55,编译时系统会提示错误:不能将一个整型常量赋值给整型指针。

2. 指针变量的初始化

变量定义好以后,应当赋予初值,否则系统会为变量自动分配一个。在指针变量定义好了之后,如何来使用指针?它与普通变量有什么不同?先看如下的指针变量的定义:

```
int *p1, *p2;
float *p3;
```

以上语句仅仅定义了指针变量p1、p2、p3,但这些指针变量指向的变量(或内存单元)还不明确,因为这些指针变量还没被赋予确定的地址值,这时指针变量里的地址值是随机的。只有将某一具体变量的地址赋给指针变量之后,指针变量才能指向确定的变量(内存单元)。

在定义指针变量时同时给指针一个初始值,称为指针变量初始化。

例如:

```
int a=20,b=5;          //定义两个整型变量a,b并初始化
int *pa=&a;            //将变量a的地址赋给指针变量pa
float x, *px=&x;       //定义单精度实型变量x,并将变量x的地址赋给指针变量px
```

第一行先定义了整型变量a,并为之分配两个字节的内存单元;第二行再定义一个指向整型变量的指针变量pa,在内存中就为指针变量分配了一个存储空间,同时通过取地址运算符(&)获取变量a的地址后赋给pa。这样,指针变量pa就指向了确定的变量a。同理,px指向变量x。

下面是个简单的指针变量应用的例子。

例6.1 用两种不同的方法输出变量的值。

```
#include<stdio.h>
void main()
```

```
{
  int a = 18, *p = &a;        //定义整型变量a,同时定义指针变量p,并对p初始化
   printf("a = %d\n",a);     //输出整型变量a的值
  printf(" *p = %d\n", *p);//输出指针变量p指向的目标的值
}
```

程序运行结果:

```
a = 18
 *p = 18
```

分析:两个输出语句输出的结果相同,说明指针变量 p 所指向的目标就是整型变量 a。

6.2.2 指针变量的运算

指针变量可以参与各种运算,有两个与运算相关的最基本的运算符:

(1) & 取地址运算符,作用是获取运算符右侧变量的地址;

(2) * 指针运算符,也称间接访问运算符,作用是通过运算符右侧指针变量访问其指向的变量。

特别要注意的是,此处 * 运算符是访问指针所指向变量的运算符,与指针定义时的 * 号不同。在定义指针变量时,* 号表示其后是指针变量。在其他位置出现,* 号是运算符。如果与其联系的操作数是指针类型,* 是间接访问(引用)运算符;如果与其联系的操作数是基本类型,* 是乘法运算符。在使用和阅读程序时要严格区分 * 号的含义。

* 运算符与 & 运算符具有相同的优先级,结合方向为从右到左。如:& * p 即 &(* p)是对变量 * p 取地址,它与 &a 是等价的。p 与 &(* p)等价,a 与 * (&a)等价,a 与 * p 等价。

下面是一个运用两运算符的例子。

例 6.2 通过直接引用和间接引用的方式输出变量。

```
#include<stdio.h>
void main()
{
int i = 100,j = 10;
int *p1, *p2;
p1 = &i;
p2 = &j;
printf(" %d, %d\n",i,j);
printf(" %d, %d", *p1, *p2);
}
```

运行结果:

```
100,10
100,10
```

分析:

(1) int *p1, *p2;语句定义了变量 p1、p2 是指向整型变量的指针变量,但没指定它们指向哪个具体变量。

(2) p1=&i; p2=&j;　语句确定了p1、p2的具体指向,p1指向i,p2指向j。不能误写成:

```
*p1 = &i, *p2 = &j;
```

(3) printf("%d,%d\n",i,j);语句是通过变量名直接访问变量的方法。

(4) printf("%d,%d", *p1, *p2);语句是通过指向变量i、j的指针变量来访问变量的方法,*p1表示变量p1所指向的单元的内容,即i的值;*p2表示变量p、j所指向的单元的内容,即j的值,因而两个printf语句输出的结果均为变量i、j所对应的值。

指针变量在声明和赋初值后,可以参与很多运算。

1. 指针变量的赋值

指针变量除了可以初始化以外,还可以和普通变量一样在程序中多次赋值。给指针变量赋值可以使用取地址运算符,取得某个变量的地址值后赋给指针变量。也可以在指针变量之间互相赋值,赋值后两个指针变量指向同一内存地址。还可以给指针变量赋NULL(空)。

例如:

```
int i, *p1, *p2;
p1 = &i;
p2 = p1;
```

第一个赋值语句将i的地址赋值给p1,第二个赋值语句将p1中地址值赋给p2,使得p1和p2都指向变量i。

2. 用指针运算符(*)访问一个内存单元

例如:

```
int i = 10,k, *p;
p = &i;
k = *p;
```

第一个赋值语句将i的地址赋值给p,第二个赋值语句是用指针运算符访问p所指向的内存单元,即变量i,获取i的值10后赋值给k。

下面的例子用到了赋值运算和间接访问运算。

例6.3　输入i和j两个整数,按先大后小的顺序输出。

```
#include <stdio.h>
void main()
{
   int *p1, *p2, *p = NULL,i,j;
   scanf("%d,%d",&i,&j);                  //输入两个整数
    p1 = &i; p2 = &j;                     //使p1和p2分别指向变量i和j
     if(i<j)
   {
     p = p1;p1 = p2;p2 = p;}              // 使p1与p2的值互换
     printf("i = %d,j = %d\n",i,j);       // 输出i,j
     printf("max = %d,min = %d\n",*p1,*p2);  // 输出p1和p2所指向的变量的值
   }
```

程序运行结果：

```
1,2↙
i = 1,j = 2
max = 2,min = 1
```

分析：程序中 &i 和 &j 的作用是分别取得变量 i 和 j 的地址。 * p1 和 * p2 的作用是通过 p1 和 p2 指针变量访问它们指向的变量。

p1 和 p2 交换前后的指向关系如图 6.5 所示。

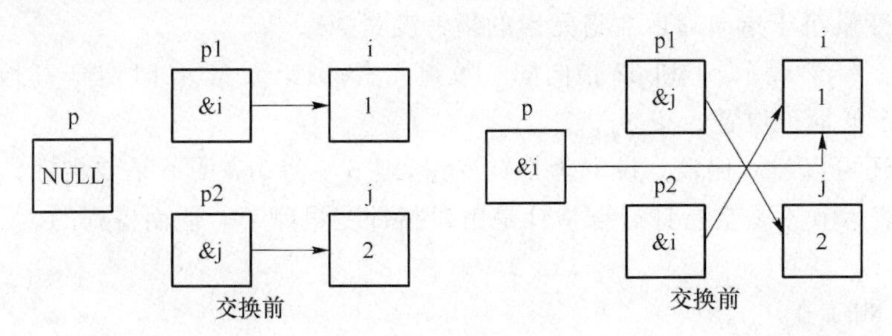

图 6.5　指针交换

请读者思考，为什么输出结果中，变量 i 和 j 的值未发生改变，但通过 * p1、 * p2 输出的结果是 2 和 1？如果将程序第 8 行改为：

```
{ * p = * p1; * p1 = * p2; * p2 = * p;}
```

输出的结果和修改之前会发生什么变化？为什么？

3. 指针的移动

指针的移动通常用于连续的内存区域（通常用于数组），当指针变量指向该存储区中的某个内存单元时，可以通过指针变量加减一个常量或指针变量自增自减来移动指针。

对于指向数组的指针变量，可以加上或减去一个整数 n。设 p 是指向数组 a 的指针变量，则 p＋n、p－n、p＋＋、＋＋p、p－－、－－p 运算都是合法的。指针变量加或减一个整数 n 的意义是把指针指向的当前位置（指向某数组元素）向前或向后移动 n 个位置。

注意：数组指针变量向前或向后移动一个位置和地址加 1 或减 1 在概念上是不同的。因为数组可以有不同的类型，各种类型的数组元素所占的字节长度是不同的。如指针变量加 1，即向后移动 1 个位置表示指针变量指向下一个数据元素的首地址，而不是在原地址基础上加 1。例如，数组元素是 float 型的，每个元素占 4 个字节，则 p＋1 所代表的地址实际上是(p＋1)×d，d 是一个数组元素所占的字节数（各类型对应的字节数参见本书第 2 章）。

例如：

```
int a[5], * p;
p = a;                         //pa 指向数组 a,也是指向 a[0]
pa = pa + 2;                   //pa 指向 a[2],即 pa 的值为 &pa[2]
```

指针变量的加减运算只能对数组指针变量进行，对指向其他类型变量的指针变量作加减运算是毫无意义的。两个指针变量之间的运算只有指向同一数组的两个指针变量之间才能进行运算，否则运算毫无意义。

另外，如果两个同类型指针变量指向同一连续存储区域时，两指针变量可以相减。

两指针变量相减所得之差是两个指针所指数组元素之间相差的元素个数。实际上是两个指针值(地址)相减之差再除以该数组元素的长度(字节数)。例如p1和p2是指向同一浮点数组的两个指针变量,设p1的值为2010H,p2的值为2000H,而浮点数组每个元素占4个字节,所以p1－p2的结果为(2000H－2010H)/4＝4,表示pf1和pf2之间相差4个元素。两个指针变量不能进行加法运算。

注意:如果p1和p2不指向同一数组时相减没有意义!

4. 指针的比较

当两个指针变量指向同一数组时,可以用关系运算符对两个指针进行比较。指向靠前数组元素的指针变量小于指向靠后数组元素的指针变量。

例如:p1＝＝p2表示p1和p2指向同一数组元素;p1＞p2表示p1处于高地址位置;p1＜p2表示p2处于低地址位置。

指针变量还可以与0比较。设p为指针变量,则p＝＝0表明p是空指针,它不指向任何变量;p!＝0表示p不是空指针。空指针是由对指针变量赋予0值而得到的。

例如:

```
#define NULL 0
int *p = NULL;
```

对指针变量赋0值和不赋值是不同的。指针变量未赋值时,可以是任意值,是不能使用的。否则将造成意外错误。而指针变量赋0值后,则可以使用,只是它不指向具体的变量而已。

6.3 指针与数组

变量有地址,数组包含若干个元素,每个元素在内存中同样具有地址。对数组来说,数组名就是数组在内存安放的首地址。指针变量是用于存放变量的地址,可以指向变量,当然也可存放数组的首址或数组元素的地址,这就是说,指针变量可以指向数组或数组元素,对数组而言,数组和数组元素的引用,也同样可以使用指针变量。下面就分别介绍指针与不同类型的数组之间的关系。

6.3.1 指针与一维数组

假设定义一个一维数组,该数组在内存会有系统分配的一个存储空间,其数组的名字就是该内存空间的首地址。若再定义一个指针变量,并将数组的首址传给指针变量,则该指针就指向了这个一维数组。对一维数组的引用,既可以用传统的数组元素的下标法,也可使用指针的表示方法。

注意:数组名和指针变量之间有一个不同之处,指针是一个变量,因此,在C语言中,语句pa＝a和pa＋＋都是合法的。但数组名不是变量,而是一个指针常量,因此,a＝pa和a＋＋形式的语句是非法的。

可以用一个指针变量指向一个数组元素,例如:

```
int a[10], *p                    //定义数组与指针变量
```

进行赋值操作:

```
p = a;或 p = &a[0];              //指针变量赋值
```

两个语句是等价的，其中 a 是数组的首地址，&a[0]是数组元素 a[0]的地址，由于 a[0]的地址就是数组的首地址，因此，两个赋值操作效果完全相同。指针变量 p 就是指向数组 a 的指针变量。

如果指针变量 p 指向了一维数组，C 语言中规定指针对数组的表示方法有以下几种。

(1) p+1 指向同一数组中的下一个元素，p−1 指向同一数组中的上一个元素。p+n 与 a+n 表示数组元素 a[n]的地址，即 &a[n]。对整个 a 数组来说，共有 10 个元素，n 的取值为 0～9，则数组元素的地址就可以表示为 p+0～p+9 或 a+0～a+9，与 &a[0]～&a[9]保持一致。

(2) 根据数组元素的指针表示方法，* (p+n)和 * (a+n)表示数组中 p+n 和 a+n 所指向的元素，即等价于 a[n]。例如，* (p+4) 或 * (a+4)就是 a[4]。

实际上，在编译时，对数组元素 a[n]就是按 * (a+n)处理的，即按数组首地址加上相对位移量得到要找的元素的地址，然后获取该内存空间的数据。在此，符号[]实际上是变址运算符，可将 a[n]按 a+n 计算地址。

(3) 指向数组的指针变量也可用数组的下标形式表示为 p[n]，其效果相当于 *(p+n)。

根据以上叙述，引用一个数组元素，可以用以下两种方法：

(1) 下标法，如 a[n]；

(2) 指针法，如 * (a+n)或 * (p+n)。

例 6.4 从键盘输入 10 个数，以数组的不同引用形式输出数组各元素的值。

(1) 采用下标法输入/输出数组各元素

```
#include<stdio.h>
void main()
{
 int n,a[10],*p=a;
  for(n=0;n<=9;n++)
   scanf("%d",&a[n]);
  for(n=0;n<=9;n++)
   printf("%4d",a[n]);                    //数组元素用数组名和下标表示
  printf("\n");
}
```

程序运行结果：

```
1 2 3 4 5 6 7 8 9 0↙
1   2   3   4   5   6   7   8   9   0
```

(2) 采用数组名表示的地址法输入/输出数组各元素

```
#include<stdio.h>
void main()
{
  int n,a[10], *p=a;
   for(n=0;n<=9;n++)
    scanf("%d",a+n);
```

```
    for(n = 0;n< = 9;n ++ )
     printf(" % 4d", * (a + n));                //数组元素用数组名和元素序号表示
    printf("\n");
}
```

程序运行结果：

1 2 3 4 5 6 7 8 9 0↙

1　2　3　4　5　6　7　8　9　0

分析：程序第 6 行中 a+n 表示 a 数组中第 n 个元素的地址，scanf 函数通过此地址将键入的数据存入相应内存空间。第 8 行中同样用到此类表示方法，*（a+n)则是第 n 元素的值。

(3) 利用指针法输入/输出数组各元素

```
#include<stdio.h>
void main()
{
  int n,a[10], * p = a;
   for(n = 0;n< = 9;n ++ )
    scanf(" % d",p ++ );
    p = a;                                  //指针变量重新指向数组首地址
   for(n = 0;n< = 9;n ++ )
    printf(" % 4d", * p ++ );               //指针后移指向当前的数组元素
   printf("\n");
}
```

程序运行结果：

1 2 3 4 5 6 7 8 9 0↙

1　2　3　4　5　6　7　8　9　0

分析：程序第 4 行指针变量定义时，通过 p=a 将 p 指向 a 数组的首元素，接着在第 6 行数据输入时循环执行了 p++，最终的结果使得 p 指向数组的最后一个元素。因此，程序第 7 行必须要执行 p=a 的操作使指针变量 p 重新指向数组首地址，否则在执行第 9 行的输出语句时，指针变量会继续后移，将超出系统给数组分配的内存地址段，从而导致错误的结果。

指针变量的值在循环结束后，指向数组的尾部的后面。假设元素 a[9]的地址为 1000，整型占 2 字节，则 p 的值就为 1002。请思考下面的程序段：

```
main()
{
   int n,a[10], * p = a;
    for(n = 0;n< = 9;n ++ )
      scanf(" % d",p ++ );
    for(n = 0;n< = 9;n ++ )
      printf(" % 4d", * p ++ );
   printf("\n");
}
```

程序与上例相比,只少了赋值语句 p=a;,程序的运行结果还相同吗?请读者运行此程序段并比较输出结果。

比较以上三种方法后得出以下结论。

① 第一种和第二种方法执行效率相同,都是先计算元素地址,再获取元素的值。因此用前两种方法比第三种方法在查找数组元素时所消耗的系统时间要多。

② 第三种方法用指针变量直接指向元素,不必每次都重新计算地址,用 p++这样有规律改变地址值的方法可有效提高执行效率。

③ 用下标法表示数组元素更直观,能直接看到当前处理的是数组中的哪个元素,而指针法不直观,无法直接判断当前处理的元素序号。

④ 第三种方法中只能用指针变量,而不能用数组名代替。因为数组名是地址常量,无法执行类似 a++的自增自减操作。

⑤ 在使用指针法时,一定要注意指针变量当前值,切记在合适的位置使指针变量还原到数组起始位置重新执行。

除以上三种数组元素的引用方法外,还可用以下两种方法来表示数组元素。

(4) 用指针表示的下标法输入/输出数组各元素

```
#include<stdio.h>
void main()
{
  int n,a[10], *p=a;
   for(n=0;n<=9;n++)
     scanf("%d",&p[n]);
   for(n=0;n<=9;n++)
     printf("%4d",p[n]);
   printf("\n");
}
```

(5) 采用指针变量表示的地址法输入/输出数组各元素

```
#include<stdio.h>
void main()
{
  int n,a[10], *p=a;
   for(n=0;n<=9;n++)
     scanf("%d",p+n);
   for(n=0;n<=9;n++)
     printf("%4d",*(p+n));            //数组元素用指针变量和元素序号表示
   printf("\n");
}
```

在程序中要注意 *p++所表示的含义。*表示指针所指向的变量;p++表示指针所指向的变量地址加1个变量所占字节数,具体地说,若指向整型变量,则指针值加2,若指向实

型,则加 4,依此类推。而 printf("%4d", * p++)中,* p++所起作用为先输出指针指向的变量的值,然后指针变量加 1。循环结束后,指针变量指向如图 6.6 所示。

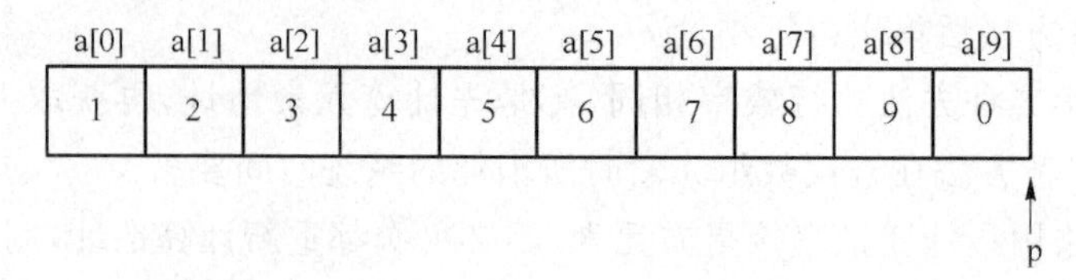

图 6.6 执行一轮 p++后指针变量指向

6.3.2 指针与二维数组

指针变量可以指向一维数组中的元素,也可以指向多维数组中的元素。多维数组的指针操作较一维数组要复杂,本节以使用较多的二维数组为例介绍指针在多维数组中的使用。

1. 二维数组的地址表示

在 C 语言中,一个二维数组实际上可以看成一个一维数组,这个一维数组的每一个元素又是一个包含若干个元素的一维数组。

假设定义一个二维数组:

int a[2][3];

此定义表示二维数组有三行四列共 12 个元素,C 编译系统认为数组 a 是一个由 a[0]和 a[1]两个元素组成的一维数组,而 a[0]和 a[1]又分别代表一个一维数组。a[0]中包含 a[0][0]、a[0][1]、a[0][2]三个元素,a[1]中包含 a[1][0]、a[1][1]、a[1][2]三个元素。在内存中二维数组按行存放,存放形式如图 6.7 所示。

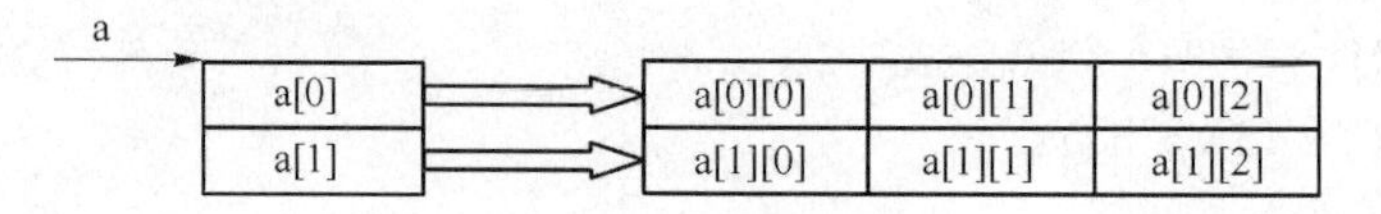

图 6.7 二维数组存放结构

其中 a 是二维数组的首地址,也可看成是二维数组第 0 行的首地址,可以用 a+0 表示,因此等同于 a[0]。同理 a+1 即 a[1]就代表第 1 行的首地址,a+n 即 a[n]就代表第 n 行的首地址。如果此二维数组的首地址为 1000, 由于第 0 行有 3 个整型元素,三元素的地址分别为 1000、1004、1008,所以 a+1 为 1012。&a[0][0]既可以看成数组 0 行 0 列的首地址,同样还可以看成是二维数组的首地址。

既然把 a[0]、a[1]、a[2]看成是一维数组名,可以认为它们分别代表它们所对应的数组的首地址,a[0]代表第 0 行中第 0 列元素的地址,即 &a[0][0]、a[1]是第 1 行中第 0 列元素的地址,即 &a[1][0]。根据地址运算规则,a[0]+1 即代表第 0 行第 1 列元素的地址, 即 &a[0][1]。一般而言,a[i]+j 即代表第 i 行第 j 列元素的地址, 即 &a[i][j]就是数组元素 a[i][j]的地址。

二维数组每行的首地址都可以用 a[n]来表示,我们就可以把二维数组看成是由 n 行一维数组构成,将每行的首地址传递给指针变量,行中的其余元素均可以由指针来表示。图 6.8 给出了指针与二维数组的关系。

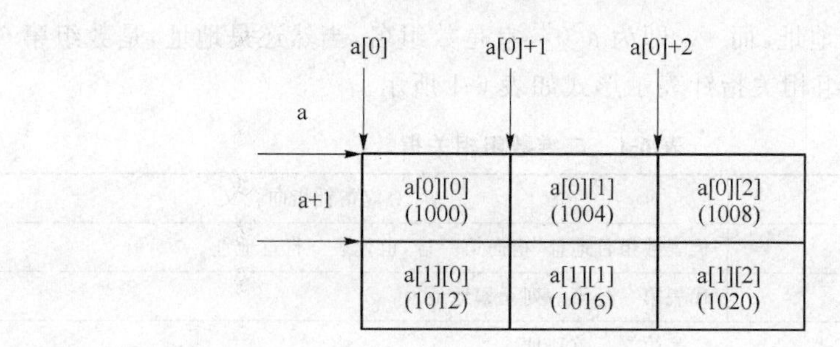

图 6.8 二维数组指针

注意:定义的二维数组其元素类型为整型,每个元素在内存占两个字节,若假定二维数组从 1000 单元开始存放,则以按行存放的原则,数组元素在内存的存放地址为 1000～1024。用地址法来表示数组各元素的地址。对元素 a[1][2],&a[1][2]是其地址,a[1]+2 也是其地址。分析 a[1]+1 与 a[1]+2 的地址关系,它们地址的差并非整数 1,而是一个数组元素的所占位置 4,原因是每个数组元素占 4 个字节。

对 0 行首地址与 1 行首地址 a 与 a+1 来说,地址的差同样也并非整数 1,是一行,3 个元素占的字节数 12。

在二维数组中,除了可以用下标方式表示个元素地址外,还可用指针的形式来表示各元素的地址。如前所述,a[0] 与 *(a+0) 等价,a[1] 与 *(a+1)等价,因此 a[i]+j 就与 *(a+i)+j 等价,它表示数组元素 a[i][j]的地址。a+1 是二维数组 a 中序号为 1 的行的首地址,即第二行地址,而 *(a+1)并不是 a+1 单元的值,因为 a+1 在二维数组中不是一个变量的存储单元,也就谈不上它的内容,因此,*(a+1)就是 a[1],是一个一维数组名,也是地址,它指向 a[1][0]。a[1]和 *(a+1)都是二维数组中地址的不同表示形式。

二维数组元素 a[i][j] 可表示成 *(a[i]+j) 或 *(*(a+i)+j),它们都与 a[i][j]等价,或者还可写成 (*(a+i))[j]。

二维数组名(如 a)是指向行的,而一维数组名(如 a[0]、a[1])是指向列元素的。在指向行的指针前加一个 *,就转换成指向列的指针。例如,a 和 a+1 是分别指向首行和第二行的指针,在它们前面加一个 * 是 *a 和 *(a+1),就转换成了指向列的指针,分别指向数组第一行第一列元素和第二行第一列元素。根据指针运算法则,在列指针前面加上 &,就可转换为行指针。例如,a[0]等价于 *(a+0),因此,&a[0]等价于 & *(a+0),都等价于 a。

注意:不要把 &a[i]简单地理解为 a[i]元素的地址,因为并不存在 a[i]这个存储单元,它只是在进行地址计算时用到的一种表示方法,能得到第 i 行的首地址,&a[i]和 a[i]的值是一样的,但含义完全不一样。&a[i]和 a+i 是行指针,而 a[i]或 *(a+i)是列指针。当列下标 j 为 0 时,&a[i]和 a[i]值相等,它们代表同一地址,即 a[i]+j(i 行起始地址),但它们指向的对象是不同的。*(a+i)是 a[i]的另一种表示形式,不能把 *(a+i)看成 a+i 所指向单元的值。在一维数组中 a+i 是指向数组中的 i 元素存储空间,但在二维数组中,a+i 不是指向一个具体存储空间而是指向行。因此,在二维数组中,a+i、a[i]、*(a+i)、&a[i]、&a[i][0]的值相同。

另外,要补充说明一下,如果编写一个程序输出打印 a 和 *a,可发现它们的值是相同的,这是为什么呢? 可以这样来理解:为了说明问题,把二维数组人为地看成由两个数组元素 a[0]、a[1]组成,将 a[0]、a[1]看成是数组名,它们又分别是由 3 个元素组成的一维数组。因此，a表示数组第0行的地址，而 * a 即为 a[0]，它是数组名，当然还是地址，是数组第0行第0列元素的地址。二维数组相关指针表示形式如表6-1所示。

表6-1　二维数组相关指针

指针表示形式	对应指针指向含义
a	代表数组首地址，指向第一行，也代表0行首地址
a[0]，*(a+0)，*a	代表第一行第一列元素地址
a+1，&a[1]	代表第二行首地址
a[1]，*(a+1)	代表第二行第一个元素地址，即a[1][0]地址
*(a+1)+2，&a[1][2]	代表第二行第三个元素地址，即a[1][2]地址
((a+1)+2)，a[1][2]	代表第二行第三列元素的值，即a[1][2]的值

二维数组中有关指针的概念比较复杂难懂，读者要仔细思考，反复上机实践，加深理解。

2. 指向二维数组的指针

由于数组元素在内存的连续存放给指向整型变量的指针传递数组的首地址，则该指针指向二维数组。

定义如下的指针变量：

int *p,a[3][4];

若赋值 p=a；则用 p++ 就能访问数组的各元素。

例 6.5　输入/输出二维数组各元素。

(1) 用地址法输入/输出数组各元素

```
#include<stdio.h>
void main()
{
 int a[3][4];
 int i,j;
  for(i = 0;i<3;i ++ )
   for(j = 0;j<4;j ++ )
     scanf("%d",a[i] + j);                 //地址法
   for(i = 0;i<3;i ++ )
   {
     for(j = 0;j<4;j ++ )
      printf("%4d", * (a[i] + j));          // * (a[i] + j)是地址法所表示的数组元素
     printf("\n");
   }
}
```

程序运行结果：

```
1 2 3 4 5 6 7 8 9 10 11 12↙
1   2   3   4
5   6   7   8
```

9 10 11 12

(2) 用指针法输入/输出数组各元素

```
#include <stdio.h>
void main()
{
 int a[3][4], (*p)[4],i,j;
 p=a;
 for(i=0;i<3;i++)
  for(j=0;j<4;j++)
   scanf("%d", *(p+i)+j);          //指针法
 for(i=0;i<3;i++)
  {
   for(j=0;j<4;j++)
    printf("%4d", *(*(p+i)+j)); //*(*(p+i)+j)是指针法所表示的数组元素
    printf("\n");
  }
}
```

程序运行结果:

```
1 2 3 4 5 6 7 8 9 10 11 12 ↙
1   2   3   4
5   6   7   8
9   10  11  12
```

语句 int (*p)[4];中定义的指针 p 为指向一个由 4 个元素所组成的整型数组指针。在定义中,圆括号是不能少的,否则它是指针数组。这种数组的指针不同于整型指针,当整型指针指向一个整型数组的元素时,进行指针(地址)加 1 运算,表示指向数组的下一个元素,此时地址值增加 4(因为每个元素为整型),而如上所定义的指向一个由 4 个元素组成的数组指针进行地址加 1 运算时,其地址值增 16,即指针指向下一行相同列位置的元素。例如:

```
int a[3][4];
int (*p)[4];
p = a;
```

开始时 p 指向二维数组 0 行 0 列,当执行 p+1 运算时,根据地址运算规则,此时正好指向二维数组的 1 行 0 列。和二维数组元素地址计算的规则一样,*p+1 指向 a[0][1],*(p+i)+j 则指向数组元素 a[i][j]。如下程序:

```
#include <stdio.h>
void main()
{
  int a[3][4] = {{1,2,3,4}, {5,6,7,8}, {9,10,11,12}};
  int i, (*p)[4];
  p=a+1;          // p 指向二维数组的第二行,此时 *p[0]或 **p 等于 a[1][0]
```

```
    for(i = 1;i< = 4;p = p[0] + 2,i ++ )                    // 修改 p 的指向,每次增加 2
        printf(" % d\t", * p[0]);
      printf("\n");
    for(i = 0;i<2;i ++ )
    {
      p = a + i;                                  // 修改 p 的指向,每次跳过二维数组的一行
      printf(" % d\t", * (p[i] + 1));
    }
    printf("\n");
    }
```

程序运行结果:

```
5      7      9      11
2      6      10
```

读者可以考虑,如果在例 6.5 的指针法表示中,如果不用(* p)[4]的定义方法,而直接用一个指针变量指向二维数组中的元素,再利用指针自加的方式逐个输出二维数组中的元素呢?

如下程序段:

```
int a[3][4] = {{1,2,3,4}, {5,6,7,8}, {9,10,11,12}};
int i, * p;
for(p = a[0];p<a[0] + 12;p ++ )
    printf(" % d\t", * p);
```

执行后输出结果是什么?请读者自行上机运行。

6.3.3 指针与字符串

通过前面章节的学习,读者已经了解字符串及字符数组的使用方法。字符串可以单独以直接形式(字面形式)处理,如用 printf 函数输出一个字符串,输出时函数中的双撇号内包含若干个要输出的合法字符,即可实现字符串的输出。字符串也可存放在字符数组中,对字符数组中的字符逐个处理时,前面介绍的指针与数组之间的关系完全适用于字符数组。通常将字符串作为一个整体来使用,用指针来处理字符串更加灵活方便。

1. 字符串的引用方式

字符串不论是以直接形式还是数组形式出现,在系统编译时都是存放在字符数组中的。想 引用一个字符串,可以用以下两种方法。

(1) 用字符数组存放一个字符串,通过数组名加下标方式引用字符串中的一个字符,也可通过数组名和格式符“%s”输出该字符串。

例 6.6 定义一个字符数组,输入若干字符,输出该字符串和其中的某个字符。

```
#include <stdio.h>
void main()
{
 char s[100] = {'\0'};                           //定义时用'\0'初始化数组
 int i = 0;
```

```
  for(i = 0;i<100;i ++ )
  {
   scanf(" % c",&s[i]);
    if (s[i]= = '\n')
    break;
  }
  for (i = 0;s[i]!= '\0';i ++ )
    printf(" % c",s[i]);
}
```

程序运行结果:

hello world↙

hello world

分析:程序中定义了一个100个元素字符数组s并进行了初始化,然后用循环对数组进行逐个字符的输入,最后用同样的方法逐个字符输出。对于字符数组除了逐个字符进行处理外,还可以用格式符"%s"对其整体输出,程序可改为:

```
#include <stdio.h>
void main()
{
 char s[100] = {'\0'};
  gets(s);
  printf(" % s",s);
}
```

程序运行结果:

hello world↙

hello world

(2) 用字符指针变量指向一个字符串常量,通过字符指针变量引用字符串常量。

例6.7 用指针变量的方法将字符串s1复制给字符串s2,再输出两字符串。

```
#include <stdio.h>
void main()
 {
  char s1[30] = "I am a student.",s2[30], * p1, * p2;
  p1 = s1;p2 = s2;                  // p1,p2 分别指向 s1 和 s2 的首地址
   for(; * p1!= '\0';p1 ++ ,p2 ++ )
     * p2 = * p1;                  // 将 p1 所指向的元素的值赋给 p2 所指向的元素
     * p2 = '\0';                  // 在复制完全部有效字符后加'\0'
      printf("s1 = % s\n",s1);      // 输出 s1 数组中的字符
   printf("s2 = % s\n",s2);        // 输出 s2 数组中的字符
}
```

程序运行结果:

s1 = I am a student

s2 = I am a student

分析:程序中首先定义两个字符数组 s1 和 s2 用于存放字符串,再定义两个指针变量 p1 和 p2,并使它们分别指向 s1 数组和 s2 数组的首地址。此时 * p1 的值为字母'I',然后用循环方式通过赋值语句 * p2= * p1 将字符由 s1 中复制到 s2 中,再同步移动 p1、p2 到下一个字符单元,依次循环直到字符串结束符'\0'为止。

全部复制过程用一个 for 语句完成,直到 p1 指向结束字符'\0'(值为 0)时,for 语句因条件为假而结束。从而完成将字符串 s1 复制到字符串 s2 的任务。

2. 字符型指针变量与字符数组的区别

虽然前例中引用字符数组时可以用字符型指针变量的方法实现,但两者有着本质上的区别,主要体现在以下几个方面。

(1) 分配内存

设有定义字符型指针变量与字符数组的语句如下:

```
char *p ,s[100];
```

系统将为字符数组 s 分配 100 个字节的内存单元,用于存放 100 个字符。而系统只为指针变量 p 分配 4 个存储单元,用于存放一个内存单元的地址。

(2) 初始化赋值含义

字符数组与字符指针变量的初始化赋值形式相同,但其含义不同。例如:

```
char s[ ] ="I am a student !" ,s[200];
char *p ="You are a student !" ;
```

对于字符数组,是将字符串放到为数组分配的存储空间去,而对于字符型指针变量,是先将字符串存放到内存,然后将存放字符串的内存起始地址送到指针变量 p 中。

(3) 赋值方式

字符数组只能对其元素逐个赋值,而不能将字符串赋给字符数组名。对于字符指针变量,字符串地址可直接赋给字符指针变量。例如:

```
s ="I love China!";              //错误,字符数组名 str 不能直接赋值
p ="I love China!";              //正确,指针变量 pc 可以直接赋字符串地址
```

(4) 输入方式

可以将字符串直接输入字符数组,而不能将字符串直接输入指针变量。但可将指针变量所指字符串直接输出。例如:

```
scanf(" %c",s);                  //正确
scanf(" %c",p);                  //错误
printf(" %c",p);                 //正确
```

(5) 值的改变

在程序执行期间,字符数组名表示的起始地址是不能改变的,而指针变量的值是可以改变的。例如:

```
s = s + 5;                       //错误
p = p + 5;或 p = s + 5;          //正确
```

两者区别总结如下。

设定义字符数组 s[100]和指针变量 p：

(1) 分配内存：系统为字符数组 s 分配套 100 个内存单元，而只为指针变量 p 分配 4 个内存单元；

(2) 赋值含义：用字符串给字符数组 s 初始化赋值时，是将字符串存入数组 s 所占内存单元，而用字符串给指针变量 p 赋值时是将字符串的首地址存入 p；

(3) 赋值方式：数组只能逐个元素赋值，而串地址可赋给 p；

(4) 输入方式：字符串可直接输入字符数组，不能将字符串直接输入指针变量；

(5) 值的改变：字符数组首地址不能改变，而指针变量的值可以改变。

由以上区别可以看出，在某些情况下，用指针变量处理字符串，要比用数组处理字符串方便。

例 6.8 用指针方式实现输入一行句子，统计单词的个数(包括单词间有多个空格的情况)。

```
#include<stdio.h>
void main()
{
 char s[100], *p; int i,Count = 0;
  p = str;
  printf("\nPlease input the sentence: \n");
 gets(s);                              //输入句子
  while( *p!='\0')                     //用指针变量 p 遍历字符数组的每个元素
   {
     if( *p == ' ')
    {
     p++;
     continue;                         //如果该元素是空格则跳过，继续循环
    }
     else
    {
      Count++;                         //如果不是空格，单词数加 1
      i = 0;                           //位置清零
    while( *(p + i)!=' '&& *(p + i)!='\0')
                                          //某个位置为空格或字符串结束符时跳出循环
     i++;
     p += i;
    }
   }
   printf("There are %d words in this sentence.", nCount);
}
```

程序运行结果：

```
Please input the sentence:
```

```
I am a beautiful girl. ↙
There are 5 words in this sentence.
```

分析:本题有多种解法,这里用拨动指针的方法实现。具体算法是:从头开始检查字符数组的每个字符,如果是空格则将指针拨到下一个字符,跳过这个空格,继续上面的过程;如果不是空格,则探索下一个空格的位置(当前位置到下一个空格之间是一个单词),将指针拨到下一个空格处,同时单词数加1,继续检查后续的字符。

6.4 指针与函数

在C语言中,函数的使用是其结构化程序设计的重要标志。指针可以和函数结合使用,两者结合使用的情况归纳起来主要有三种:指针变量作为函数的参数;指向函数的指针;返回指针值的函数。

6.4.1 指针变量作为函数参数

函数的参数不仅可以是整型、实型、字符型等数据,还可以是指针类型,它的作用是将一个变量的地址传送到另一个函数中,实参变量和形参变量的传递方式也遵循值传递规则,但此时传递的内容是地址,使得实参和形参指向同一变量。

1. 用指向变量的指针作为函数参数

使用指针变量作为函数参数,在被调用函数中改变了变量的值,也就是改变了main函数中变量的值。

C语言规定实参变量对形参变量的数据传递是“值传递”,即单向传递,只能由实参传给形参,而不能由形参传给实参。在内存中实参与形参是不同的存储单元。在调用函数时,给形参分配存储单元,并将实参对应的值传递给形参,调用结束后,形参单元被释放,实参单元仍保留并维持原值。因此,在执行一个被调用函数时,形参的值如果发生改变,并不会改变主调函数的值。

为了使在函数中改变了的值能被main函数所用,应该使用指针变量作为函数参数,在函数执行过程中,使指针变量所指向的变量值发生变化,函数调用结束后,这些值的变化依然保留下来,这样就实现了“通过函数调用使变量的值发生变化,在main函数中使用这些改变了的值”的目的。

下面通过一个例子来说明。

例6.9 本例要求同例6.3,输入i和j两个整数,按先大后小的顺序输出。现用指针和函数的方式处理,将指针变量作为函数的参数。

```
#include <stdio.h>
void main()
 {
  void swap(int *p1,int *p2);
  int a,b;
  int *pointer_1, *pointer_2;
   printf("please enter a and b:");
```

```
    scanf("%d,%d",&i,&j);
    pointer_1 = &i;
    pointer_2 = &j;
   if(a<b) swap(pointer_1,pointer_2);
    printf("max = %d,min = %d\n",i,j);
 }
 void swap(int *p1,int *p2)
  {
    int temp;
    temp = *p1;
    *p1 = *p2;
    *p2 = temp;
 }
```

程序运行结果：

```
please enter a and b: 3,5↙
5,3
```

程序中 swap 函数为自定义函数，作用是交换变量 i 和 j 的值，函数形参为两个指针变量 p1 和 p2。程序运行时，形参分别通过值传递的方式通过指针变量 * pointer_1 和 * pointer_2 得到 i 和 j 变量的地址。函数利用这两个地址间接访问变量 i 和 j，从而达到交换 i 和 j 的目的，即达到“通过函数调用使变量的值发生变化，在 main 函数中使用这些改变了的值”的目的。

通过指针变量和函数调用的方式，还可以得到 n 个要改变的值，具体操作步骤如下：

(1) 在主函数中设 n 个变量，用 n 个指针变量指向他们；

(2) 然后将指针变量作实参，将这 n 个变量的地址传给所调用函数的形参；

(3) 通过形参指针变量，改变该 n 个变量的值；

(4) 主调函数中就可以使用这些改变了值的变量。

另外还有一种指针变量作为函数参数的情况是：用指向一维数组中数组元素的指针变量作为函数参数。

例 6.10 统计一个字符串中各个字符的 ASCII 码值之和。

```
#include <stdio.h>
void main()
 {
   int fun(char *);
   int a;
    char str[] = "abcdefghijklmn", *p = str;
    a = fun(p);
   printf("%d\n",a);
 }
 int fun(char *s)
 {
```

```
        int num = 0;
        for(; * s!= '\0'; s++)
            num += * s;
        return num;
    }
```

程序运行结果：

1449

此例中的函数 fun 的作用是统计一个字符串中各个字符的 ASCII 码值之和。在函数调用时，将指向 str 数组的指针变量 p 作为实参传递给形参 s 后，实际是把 str 数组的值传递给了 s，s 所指向的地址就和 str 所指向的地址一致，但是 str 和 s 各自占用各自的存储空间。在函数体内对 s 进行自加 1 运算，并不意味着同时对 str 进行了自加 1 运算。二维数组也可同样处理。

另外，将一个字符串从一个函数传送到另一个函数，仍可用指针传递的方法，即用指向字符的指针变量作为函数参数。在被调用的函数中可以改变字符串的内容，在主调函数中可以得到改变了的字符串。如以下程序段：

```
void main()
 {…
  char * a="I am a teacher";
   char * b="you are a student";
    cstr(a,b);
    …
  }
void cstr(char * from ,char * to)
 {
    …
 }
```

实参 a 和 b 是指针变量，分别指向“I am a teacher”和“you are a student”的首地址。a+1 指向下一个字符的地址。a+i 指向 i 个字符的地址。 *(a+i)表示第 i 个字符。形参 from 和 to 也是指针变量，分别接受 a、b 所指向的首地址，因此 from[i]和 a[i]、to[i]和 b[i]指向同一内存单元，改变 from[i]和 to[i]的值也就是改变 a[i]和 b[i]的值。

一个函数如果使用了指针作为形参，那么在函数调用语句的实参和形参的结合过程中，必须保证类型一致 ，否则需要作指针类型转换。

6.4.2 用指向函数的指针变量作为函数参数

在程序运行中，函数代码是程序的算法指令部分，它们和数组一样也占用存储空间，都有相应的地址，而函数名就是该函数所占内存区的首地址。我们可以把函数的这个首地址(或称入口地址)赋予一个指针变量，使该指针变量指向该函数。然后通过指针变量就可以找到函数对应的代码并调用这个函数。我们把这种指向函数的指针变量称为“函数指针”。

1. 函数指针的定义形式

函数类型　(＊指针变量名)(形参列表)

“函数类型”说明函数的返回类型，由于“()”的优先级高于“＊”，所以指针变量名外的括号必不可少。后面的“形参列表”表示指针变量指向的函数所带的参数列表。例如：

```
int (*f)(int x); double (*ptr)(double x);
```

在定义函数指针时请注意：函数指针和它指向的函数的参数个数和类型都应该是一致的，函数指针的类型和函数的返回值类型也必须是一致的。

2. 函数指针的赋值

函数名和数组名一样代表了函数代码的首地址。因此在赋值时，直接将函数指针指向函数名就行了。例如：

```
int func(int x);                              //声明一个函数
int (*f) (int x);                             //声明一个函数指针
f = func;                                     //将 func 函数的首地址赋给指针
```

赋值时，函数 func 不带括号。也不带参数。由于 func 代表函数的首地址，因此经过赋值以后，指针 f 就指向函数 func(x)的内存空间的首地址。

3. 通过函数指针调用函数

函数指针是通过函数名及有关参数进行调用的。与其他指针变量相类似，如果指针变量 pi 是指向某整型变量 i 的指针，则＊p 等于它所指的变量 i。如果 pf 是指向某浮点型变量 f 的指针，则＊pf 就等价于它所指的变量 f。同样地，＊f 是指向函数 func(x)的指针，则＊f 就代表它所指向的函数 func。所以在执行了 f＝func;之后(＊f)和 func 代表同一函数。由于函数指针指向存储区中的某个函数，因此可以通过函数指针调用相应的函数。

函数指针调用函数的过程分为以下三步执行。

(1) 说明函数指针变量

例如：

```
int (*f)(int x);
```

(2) 对函数指针变量赋值

例如：

```
f = func;                         //func(x)必须先定义
```

(3) 调用函数

格式为：(＊指针变量)(参数表)；例如：

```
(*f)(x);                          //x 必须先赋值
```

通过下面这个例子来看看函数指针的具体应用。

例 6.11　任意输入 8 个数，找出其中最大数，并且输出最大数值。

```
#include <stdio.h>
void main()
{
int f(int,int),i,a,b,( *p)( int,int);        //定义函数指针
 scanf("%d",&a);
  p = f;                                     //给函数指针 p 赋值，使它指向函数 f
```

```
  for(i=1;i<9;i++)
  {
    scanf("%d",&b);
    a=(*p)(a,b);                              //通过指针p调用函数f
  }
  printf("The Max Number is:%d",a);
}
int f(int x,int y)
{
  int z;
  z=(x>y)?x:y;
  return(z);
}
```

程序运行结果：

10 -4 43 35 1 -53 98 55↙

The Max Number is:98

4. 用指向函数的指针变量作为函数参数

函数指针变量通常的用途之一就是把指针作为参数传递到其他函数。

将函数的入口地址赋给指针变量p，再把指针p作为参数传送到其他函数，就可以实现函数地址的传送，这样就能够在被调用的函数中使用实参函数，如以下程序段。

```
x1=f1,x2=f2;
void sub(int (*x1)(int), int (*x2)(int,int))
            {
                  int a,b,i,j;
                  a=(*x1)(i);          //调用 f1 函数
                  b=(*x2)(i)(j);       // 调用 f2 函数
            }
```

假设f1和f2为两个函数名，在sub函数首部中定义了x1、x2为函数指针变量，x1指向的f1函数有一个整型形参，x2指向f2的函数有两个形参。i和j是函数f1和f2的参数。函数sub的形参x1、x2(指针变量)在函数sub未被调用时并不占用内存单元，也不指向任何函数。在sub被调用时，把实参函数f1和f2的入口地址传给形式指针变量x1和x2。执行sub函数时，实参用两个函数名f1和f2给形参传递函数地址，然后用指针变量调用函数，如果每次调用函数不固定，只要在每次调用sub函数时，给出不同的函数名作为参数即可，即修改sub函数前的赋值，使x1和x2指向其他函数，而sub函数不必作任何修改。这种方法是符合结构化程序设计方法原则的，是程序设计中常用的。

6.4.3 返回指针的函数

在C语言中，一个函数不仅可以带回一个整型数据的值、字符类型值和实型类型的值，还可以带回指针类型的数据，使其指向某个地址单元。

返回指针的函数一般定义格式为：

类型标识符 *函数名(参数表)

例如：int *f(x,y)；

其中x、y是形式参数，f是函数名，前面的类型标识符int表示调用f函数后返回一个指向整型数据的地址指针。

注意：与函数指针的定义不同的是，*f两侧没有括号，由于"()"的优先级高于"*"，函数名先与"()"结合，这是典型的函数形式，表明f是一个函数而不是一个指针。

例6.12 输入一个1～7之间的整数，输出对应的星期名。

```
#include<stdio.h>
#include <stdlib.h>
void main()
{
  int i;
  char *day_name(int n);
   printf("input Day No:");
   scanf("%d",&i);
  if(i<0||i>7) exit(1);
   printf("Day No:--->%s\n",day_name(i));
}
 char *day_name(int n)
 {
  static char *name[]={"Monday","Tuesday","Wednesday","Thursday","Friday",
                       "Saturday","Sunday"};
  return( name[n-1]);
 }
```

程序运行结果：

```
input Day No:5↙
Friday
```

程序中定义了一个指针型函数day_name，它的返回值指向一个字符串。该函数中定义了一个静态指针数组name。name数组初始化赋值为7个字符串，分别表示各个星期名。形参n表示与星期名所对应的整数。在主函数中，把输入的整数i作为实参，在printf语句中调用day_name函数并把i值传送给形参n。day_name函数中的return语句把name[0]指针返回主函数输出对应的星期名。

主函数中的第5行是个条件语句，其语义是：如输入为负数(i<0)或超过7则中止程序运行退出程序。exit是一个库函数，exit(1)表示发生错误后退出程序，exit(0)表示正常退出。

6.5 动态内存管理

到目前为止，本书所介绍的都是定长数据结构，即一旦确定了数据类型，系统会为该类型分配确定大小的存储空间。这种分配固定大小的内存管理方式称为静态内存管理。但这种定长数据结构操作不方便,尤其是像数组这样的由多个小存储空间组成的特殊类型,一旦定义好后,不管在程序中是否用完其所分配空间,它始终在函数结束前占据内存中固定的空间。当定义数组较多较大时,会很大程度上消耗系统资源,并且数组这样的线性表要做删除和插入操作是十分困难的。

6.5.1 什么是动态内存管理

为解决上述问题,C语言中允许建立内存动态分配区域,以存放一些临时用的数据,这些数据不必在程序的声明部分定义,也不必等到函数结束时才释放,而是需要时随时开辟,不需要时随时释放。这些数据时临时存放在一个特别的自由存储区,称为堆(deap)区。可以根据需要,向系统申请所需大小的空间,可以更有效和合理地利用内存资源。但是由于未在声明部分定义它们为变量或数组,因此不能通过变量名或数组名引用这些数据,只能通过指针来引用。

在C语言中,为方便操作,专门提供了一组动态内存管理的标准库函数,配合指针使用,使得构造动态数据结构成为可能。这些库函数主要包括:malloc、calloc、free、realloc,使用它们必须在程序中包含 stdlib. h 头文件。

所以动态内存管理是指在程序运行过程中动态分配或回收存储空间的内存管理方法。动态内存分配不像数组等静态内存分配方式那样需要预先分配存储空间,而是由系统根据需要即时分配,分配的大小就是需要的大小。需要时可以调用动态内存管理函数获得所需内存空间,使用结束时可以调用释放函数将内存空间释放。

6.5.2 动态内存管理函数

ANSI 标准建议设 4 个有关的动态存储分配的函数,即 malloc( )、calloc( )、free( )、realloc( )。实际上,许多C编译系统实现时,往往增加了一些其他的函数,如_alloc( )。ANSI 标准建议在“stdlib. h”头文件中包含动态存储管理函数相关的信息,但许多C编译系统要求用“malloc. h”而不是“stdlib. h”,读者在使用时请根据编译系统环境和相关技术手册进行选择。

1. malloc 函数

函数原型:void * malloc(unsigned int num_bytes);

该函数将在内存的动态存储区上分配长度为 num_bytes 字节的内存块。形参 num_bytes 的类型定为无符号整型(不允许为负数)。它分配的单元完全按字节大小计算,因此如果分配N个单元的 student_t 结构体类型空间,实现方法为:

```
(stdent_t *)malloc(N * sizeof (student_t));
```

malloc 分配的是连续内存块,如果有内存泄漏或存在过度的内存碎片,会导致能使用该函数分配的内存大小有一定的限制,当所申请的内存大小超过了内存中能分配的最大连续内存块大小时,就会分配失败,返回 NULL。如果分配成功则返回所分配内存区域的第一个字节的地址,当内存不再使用时应使用 free()函数将内存块释放。

该函数的类型为 void,即基类型为空类型,因此返回的地址值为空类型,表明其不指向任何类型的数据,只提供一个地址。

例 6.13　malloc 函数应用。

```
#include <stdio.h>
#include <stdlib.h>                        //引用动态内存分配函数所在头文件
void main()
{
  char *p;
  p=(char *)malloc(100);                   //动态内存分配
  if(p)                                    //检查内存是否分配成功
  printf("Memory Allocated at: %x",p);
  else
  printf("Not Enough Memory! \n");
  free(p);
}
```

2. calloc 函数

函数原型:void *calloc(unsigned int num_elems, unsigned int elem_size);

该函数在内存的动态存储区中分配 num_elems 块长度为 elem_size 字节的连续区域,这个连续区域通常比较大,用以保存一个较大的数组,这样创建的数组称为动态数组。

分配的 num_elems 块存储区在内存中应该是连续的(返回的只是一个首地址,如不连续则分配的其他 n－1 块内存块无法访问)。如果分配成功则返回指向被分配内存的首地址,否则返回空指针 NULL。当内存不再使用时,应使用 free()函数将内存块释放。

例 6.14　calloc 函数应用。

```
#include <stdio.h>
#include <stdlib.h>
void main()
{
  char *p;
  p=(char *)calloc(100,sizeof(char));     //开辟100×1个字节的临时空间
  if(p)
   printf("Memory Allocated at: %x",p);
 else
   printf("Not Enough Memory! \n");
free(p);
}
```

malloc 与 calloc 没有本质区别,malloc 之后的未初始化内存可以使用 memset 进行初始化。calloc 就是一次分配多个 size 大小的内存空间。

3. realloc 函数

函数原型:void *realloc(void *mem_address, unsigned int newsize);

该函数是在 calloc 或 malloc 函数的基础上增加(也可能是减少)内存分配,即对动态存储空间进行重新分配。

该函数将 p 指向的动态存储空间的大小改变到 size,而 p 的值不变。如重分配不成功,返回 NULL。

进行重新分配时可能出现以下情况。

(1) 如果新分配的空间大于以前所分配的空间。如果当前分配的内存块后连续跟着有足够多的内存空间,则首地址不变,只不过内存大小扩大。否则会在内存其他区域分配一块新申请的内存块,然后将以前内存块中的数据复制到新内存块中,先前分配的内存块会自动释放(改变标记为可用)。

(2) 如果新分配的空间小于先前分配的空间。这样会在先前分配的空间首地址开始分配一块新大小的内存空间,内部数据不变,超出新大小的内存部分数据丢失。

例 6.15 realloc 函数应用。

```
#include <stdio.h>
#include <stdlib.h>
void main()
{
 char *p;
 p=(char *)malloc(100);
 if(p)
  printf("Memory Allocated at: %x",p);
 else
  printf("Not Enough Memory! \n");
 p=(char *)realloc(p,256);
 if(p)
  printf("Memory Reallocated at: %x",p);
 else
  printf("Not Enough Memory! \n");
 free(p);
}
```

4. free 函数

函数原型:void free(void *p);

该函数用于释放指针 p 所指向的一块动态内存空间,使这部分空间能重新被其他变量使用。其中的指针 p 应该是最近一次调用 calloc 或 malloc 函数时得到的返回值。

free 函数是用于释放申请的内存的函数,因为在动态存储区上申请的内存是需要程序员自己释放的。如果申请的空间在使用完以后没有使用 free 函数释放就会导致该内存会被一直占用(叫内存泄漏),从而导致能被使用的内存块越来越小。

例 6.16 free 函数应用。

```
#include <stdio.h>
#include <stdlib.h>
void main()
{
```

```
    char *p;
    textmode(0x00);
     p=(char *)malloc(100);
   if(p)
    printf("Memory Allocated at: %x",p);
   else
    printf("Not Enough Memory! \n");
   free(p);                          //释放空间以便重新使用
   p=(char *)calloc(100,1);
   if(p)
    printf("Memory Reallocated at: %x",p);
   else
    printf("Not Enough Memory! \n");
   free(p);                          //在程序结束时释放空间
}
```

合理的运用动态内存分配能有效地使用内存空间、能增加程序设计的灵活性。但在实际的编程过程中,动态内存分配的一些误用常常会导致一些内存错误,如内存分配失败。通常造成内存分配失败的原因有:内存访问越界;所需连续的内存空间不足。

发生内存错误是非常麻烦的事情。编译器不能自动发现这些错误,通常是在程序运行时才能捕捉到。而这些错误大多没有明显的表现特征,时隐时现,增加了改错的难度。

常见的内存错误及其对策如下。

(1) 使用未分配成功的内存空间

初学者常犯这种错误,因为他们没有意识到内存分配会不成功。

常用解决办法是,在使用内存空间之前检查指针是否为 NULL。如果指针 p 是函数的参数,那么在函数的入口处用 assert(p! =NULL)进行检查。如果是用 malloc 或 calloc 来申请动态存储空间,应该用 if(p= =NULL) 或 if(p! =NULL)进行防错处理。

(2) 内存分配成功但未初始化就使用

出现此类错误主要有两个原因:一是没有初始化的观念;二是误以为内存分配后其中数据的缺省初值全为零,导致引用初值错误。

内存的缺省初值究竟是什么并没有统一的标准,任何指针变量刚被创建时不会自动成为 NULL 指针,它的缺省值是随机的,大多数情况下是由系统自动分配的。因此指针变量在创建的同时应当被初始化,可以将指针设置为 NULL,也可以让其指向合法的内存。例如:

```
char *p = NULL;
char *str = (char *) malloc(100);
```

(3) 内存分配成功并且已经初始化,但操作越过了内存的边界

例如在使用数组时经常发生下标"多1"或者"少1"的操作。特别是在 for 循环语句中,循环次数很容易搞错,导致数组操作越界。

(4) 忘记了释放内存,造成内存泄漏

含有这种错误的函数每被调用一次就丢失一块内存。程序刚运行时,系统的内存充足的

情况下，很可能看不到错误，但最终随着程序的不断运行终会导致系统出现内存耗尽的结果。

动态内存的申请与释放必须配对，程序中 callocm 或 alloc 与 free 的使用次数一定要相同，否则极可能出现错误。

(5) 释放了内存却继续使用

导致此错误发生的原因有：程序中的对象调用关系过于复杂，实在难以搞清楚某个对象究竟是否已经释放了内存；函数的 return 语句写错，返回了指向"栈内存"的"指针"或者"引用"；使用 free 释放了内存后，没有将指针设置为 NULL。

综上所述，为避免在使用内存空间出错而导致程序错误，应遵循以下规则。

(1) 用 calloc 或 malloc 申请动态存储空间后，应立即检查指针值是否为 NULL。防止使用指针值为 NULL 的内存。

(2) 为数组和动态内存赋初值。防止将未被初始化的内存作为右值使用。

(3) 避免数组或指针的下标越界，特别是指针的加 1 或减 1 操作时要注意当前指针所处位置。

(4) 动态内存的申请与释放必须配对，防止内存泄漏。

(5) 用 free 释放内存后，立即将指针设置为 NULL，避免误会该指针仍是合法指针。

6.5.3 动态内存管理应用举例

动态内存分配的一个常见用途是为那些长度在运行时才知道的数组分配内存空间。

在实际问题的解决过程中，经常要存储和使用大量的数据，解决方法是声明数组并且指定数组的长度。但是有些情况下，在程序未运行之前无法确切知道程序的运行过程中将会产生多少数据，也就无法确定存放这些数据的数组的实际大小，即数组大小在运行时才能确定。通常解决此类问题的方法是声明一个较大的数组，使它可容纳可能出现的最多元素。

创建大数组的方法优点是简单，但缺点有很多：数组的声明在程序中引入了人为的限制，如果程序需要使用的元素数量超过了声明的长度，它就无法处理这种情况。要避免这种情况，显而易见的方法是把数组长度声明得更大一些，然而，如果程序需要的元素数量较少，巨型数组的绝大部分内存空间又被浪费了。

为此，C 语言提供的动态内存分配功能，可克服上述问题的弊端，满足实际应用的需要。

动态数组创建的一般操作过程如下。

(1) 确定长度：从键盘中输入长度值后保存在定义好的整型变量中，一定要保证该变量是一个正整数。

(2) 分配空间：如：T * p = (T *)malloc(n * sizeof(T));，其中 T 是要建立的数组中元素的类型。也可使用 calloc 或_alloc 等其他函数，但不常用且细节上有差别。

(3) 用类似数组的形式，使用 p[x](等价于 *(p+x))引用动态数组下标为 x 的元素。

(4) 数组 p 使用完毕后，针对 malloc、calloc 等函数分配的空间必须用 free(p);释放空间，以免内存泄漏。

注意：C 语言不检查越界，所以需要保证 x 在整数区间[0,n]上，否则可能取不到正确的值。

另外释放空间时，如用除 malloc、calloc 函数以外的方式分配的空间，可能可以不回收，或根本无法手动回收，如_alloc 分配的情况。

例 6.17　创建一个简单的动态数组。

```
#include <stdio.h>
#include<stdlib.h>
void main(void)
{
 int m,n;
 int i,j;
 int *p;
 scanf("%d%d",&m,&n);                    //数组的大小由用户动态输入
 p=(int *)malloc(sizeof(int)*m*n);   //(p+m*i+j)相当于数组的 i 行 j 列的元素
  for(i=0;i<m;i++)
   for(j=0;j<n;j++)
     *(p+m*i+j) = i*j;                   //可以实现对数据赋值
  for(i=0;i<m;i++)
   for(j=0;j<n;j++)
    printf("%4d",*(p+m*i+j));
  free(p);
}
```

例 6.18　用动态内存分配实现输出 1～n 之内所有素数。

```
#include <stdio.h>
#include<stdlib.h>
void main()
{
 inti,j,flag;
 scanf("%d",&n);
 int*a=(int*)calloc(n,sizeof(int));
 if(a= =null)
{
  printf("outofmemory! \n");
  exit(1);                               //内存分配失败,退出程序
}
//初始化内存空间,并按照筛选法求出素数
for(i=1;i<n;i++)
 a[i]=i+1;
 a[0]=0;
for(i=1;i<sqrt(n);i++)
for(j=i+1;j<n;j++)
{
 if((a[i]!=0&&a[j]!=0)&&(a[j]%a[i]==0))
```

```
  a[j] = 0;
  }
 //将1～n之内的所有素数输出
 for(i = 0,flag = 0;i<n;i ++ )
 {
  if(a[i]!= 0)
   {
    printf(" %5d",a[i]);
    flag ++ ;
   }
  if(flag = = 10)
  {
   printf("\n");
   flag = 0;
  }
 }
 free(a)                                    //内存使用完毕,释放空间
 }
```

程序运行结果:

```
10↙
1 2 3 5 7
```

分析:calloc函数给指针a所指向的堆中分配了n个数据,每个数据的字节长度为sizeof(int)的n * sizeof(int)个连续字节的空间;程序通过指针a对申请的n个数据内存空间进行访问,其中a[i]等价于*(a+i);最后通过free函数释放动态内存空间。

6.6 指针应用举例

指针的相关概念较为抽象和难懂,但它又是C语言中最有特色的数据类型。要准确地把握和运用指针需要大量的实例操作,为了能更加深入地学习和掌握指针,本节将由浅入深地介绍几个指针的应用实例。

例6.19 用指针及函数调用的方式实现:输入三个整数,按由大到小的顺序输出。

```
#include <stdio.h>
void main()
{
 void swap(int *p1,int *p2);
 int n1,n2,n3;
 int *p1,*p2,*p3;
  printf("input three interger n1,n2,n3\n");
   scanf(" %d, %d, %d",&n1,&n2,&n3);
```

```
   p1 = &n1;
   p2 = &n2;
   p3 = &n3;
    if (n1>n2) swap(p1,p2);
     if (n1>n3) swap(p1,p3);
       if (n2>n3) swap(p2,p3);
    printf("Now,the order is: % d, % d, % d\n",n1,n2,n3);
}
void swap(int * p1,int * p2)
{
   int temp;
   temp = * p1; * p1 = * p2; * p2 = temp;
}
```

程序运行结果：

```
input three interger n1,n2,n3
5,9,6↙
Now,the order is:9,6,5
```

例 6.20 用指针及函数调用的方式实现：输入三个字符串，按由小到大的顺序输出。

```
#include<stdio.h>
#include<string.h>
void main()
{
 void swap(char * ,char * );
 char str1[20],str2[20],str3[20];
  printf("input three line:\n");
  gets(str1);
  gets(str2);
  gets(str3);
   if (strcmp(str1,str2)>0)    swap(str1,str2);
     if (strcmp(str1,str3)>0)   swap(str1,str3);
      if (strcmp(str2,str3)>0)   swap(str2,str3);
        printf("Now,the order is:\n");
      printf("% s\n% s\n% s\n",str1,str2,str3);
}
 void swap(char * p1,char * p2)
 {
  char p[20];
  strcpy(p,p1);strcpy(p1,p2);strcpy(p2,p);
  }
```

程序运行结果：

```
input three line:
hello ↙
fine ↙
goodbye ↙
Now,the order is:
fine,goodbye,hello
```

以上两个例子都是对三个对象用指针及函数调用的方法实现排序，此类算法只适用于少量数据的排序，如果涉及很多数据排序问题，则应该使用冒泡法、选择法等算法解决。

例 6.21　输入一行文字，找出其中大写字母、小写字母、空格、数字以及其他的字符各有多少。

```
#include <stdio.h>
void main()
{
  int upper = 0,lower = 0,digit = 0,space = 0,other = 0,i = 0;
  char *p,s[20];
  printf("input string:  ");
  while ((s[i] = getchar())!='\n') i++ ;
  p = &s[0];
  while (*p!='\n')
  {
    if (('A'<= *p)&&(*p<='Z'))  ++upper;
     else if (('a'<= *p)&&(*p<='z'))  ++lower;
       else if (*p==' ')   ++space;
        else if ((*p<='9')&&(*p>='0'))  ++digit;
   else   ++other;
    p++ ;
  }
   printf("upper case: %d   lower case: %d  ", upper,lower);
   printf("space: %d      digit: %d   other: %d\n,",space,digit,other);
}
```

程序运行结果：

```
input string:
Room 403,No.37, SiFang Residential Quarter,BaoShan District ↙
upper case:9   lower case:36   space:5     digit:5   other:4
```

例 6.22　将 M 行 N 列的二维数组 a 中的数据按顺序依次放到一维数组 b 中并输出。

```
#include <stdio.h>
#define M 3
#define N 2
```

```
void main()
{
    int a[M][N] = {0}, *p = a[0];
    int b[M*N];
    int i,j,k = 0;
  printf("input the M*N number:\n");
  for(i = 0;i<M;i++)
   for(j = 0;j<N;j++)
    scanf("%d",&a[i][j]);
      for(;p<a[0] + M*N;p++)
      b[k++] = *p;
  printf("Two dimensional array:\n");
  for(i = 0;i<M;i++)
  {
    for (j = 0;j<N;j++)
      printf("%3d",a[i][j]);
      printf("\n");
  }
  printf("A one-dimensional array:\n");
  for(i = 0;i<k;i++)
   {
      printf("%3d",b[i]);
   }
  printf("\n");
}
```

程序运行结果：

```
input the M*N number:
1 2 3 4 5 6↙
Two dimensional array:
1 2
3 4
5 6
A one-dimensional array:
1 2 3 4 5 6
```

因为数组定义时大小必须确定，因此程序中的行数和列数定义成为常量，此例中使用的是 3 行 2 列，可根据实际需要改动两个常量的值。

例 6.23　有 n 个整数，使其前面各数顺序向后移 m 个位置，最后 m 个数变成最前面 m 个数。

```
#include <stdio.h>
void main()
{
void move (int [20],int ,int);
  int number[20],n,m,i;
    printf("how many number?");
    scanf(" %d",&n);
    printf("input %d numbers:",n);
    for (i=0;i<n;i++)
      scanf(" %d",&number[i]);
  printf("how many place you want move?");
  scanf(" %d",&m);
  move (number,n,m);
  printf("Now,they are:");
 for (i=0;i<n;i++)
  printf(" %d",number[i]);
 printf("\n");
}
void move (int arry[20],int n,int m)          //循环后移一次函数
 {
   int *p,arry_end;
   arry_end=*(arry+n-1);
   for (p=arry+n-1;p>arry;p--)
      *p=*(p-1);
      *arry=arry_end;
    m--;
   if(m>0) move(arry,n,m);
  }
```

程序运行结果:

```
how many number? 5↙
input 5 numbers:1 2 3 4 5↙
how many place you want move? 2↙
Now,they are:4 5 1 2 3
```

程序中定义了一个 move 函数,用来进行数字的移动,在函数中使用了递归的方法逐个移动 m 个数字,最终实现题目要求。

例 6.24 有 n 个人围成一圈。从第一个人开始报数(从 1 到 3 报数),凡报到 3 的人退出圈子,那么最后留下的是原来的第几号的那个人?

```
#include <stdio.h>
void main()
```

```
{
  int i,k,m,n,num[50], * p;
  printf("input number of person: n = ");
  scanf("%d",&n);
  p = num;
  for (i = 0;i<n;i++)                    //以 1 至 n 为序给每人编号
     * (p + 1) = i + 1;
     i = 0;
     k = 0;
     m = 0;
     while (m<n - 1)               //当退出人数比 n - 1 少时,执行循环体
     {
      if ( * (p + i)!= 0) { k++;}
    if (k == 3)
    {
      * (p + i) = 0;
      k = 0;
      m++;
    }
    i++;
    if(i == n) i = 0;                      //报数到尾后,i 恢复为 0
  }
   while ( * p == 0) p++;
  printf("The last one is NO. %d\n", * p);
}
```

程序运行结果：

```
input number of person: n = 10↙
The last one is NO.4
```

本章小结

指针是C语言里面的一个重要概念,也是C语言的难点之一。指针是一个特殊的变量,它里面存储的数值被解释成为内存里的一个地址。指针可以表示许多复杂的数据结构,如队列、栈、链表、树、图等。指针有好多好处：

① 为函数提供修改变量值的手段；

② 为C的动态内存分配提供支持；

③ 为动态数据结构提供支持；

④ 可以改善程序的效率。

以下就指针的几个重要方面作全面的总结。

1. 指针的几个概念

(1) 指针的类型

指针的类型用来指定该指针变量可以指向的变量的类型。从语法的角度看,你只要把指针声明语句里的指针名字去掉,剩下的部分就是这个指针的类型。例如:

① int * ptr;　　　　//指针的类型是 int *,指向整型变量的指针

② char * ptr;　　　　//指针的类型是 char *,指向字符型变量的指针

③ int * * ptr;　　　　//指针的类型是 int * *,指向整型指针变量的指针

(2) 指针所指向的类型

当你通过指针来访问指针所指向的内存区时,指针所指向的类型决定了编译器将把那片内存区里的内容当做什么来看待。

从语法上看,只需把指针声明语句中的指针名字和名字左边的指针声明符 * 去掉,剩下的就是指针所指向的类型。例如:

① int * ptr;　　　　//指针指向的类型是 int

② char * ptr;　　　　//指针指向的类型是 char

③ int * * ptr;　　　　//指针指向的类型是 int *

指针的类型(即指针本身的类型)和指针所指向的类型是两个概念,一定要区分清楚。

(3) 指针的值(指针所指向的内存区或地址)

指针的值是指针本身存储的数值,这个值将被编译器当作一个地址,而不是一个一般的数值。指针所指向的内存区就是从指针的值所代表的那个内存地址开始,长度为 sizeof(指针所指向的类型)的一片内存区。如果一个指针的值是 1000,相当于说该指针指向了以 1000 为首地址的一片内存区域。

指针所指向的内存区和指针所指向的类型是两个完全不同的概念。指针在定义时不但要指明所指向的类型,而且要对指针初始化,否则其所指向的内存区是不存在的,或者说是无意义的。

(4) 指针本身所占据的内存区

用函数 sizeof 可以测量指针本身占了多大的内存空间,通常指针本身占 4 个字节。

(5) 其他

变量的地址:变量在内存中所占存储空间的首地址。

变量的内容:变量在内存的存储单元中存放的数据。

直接访问:直接按变量名来存取变量的内容的访问方式。

间接访问:通过指针变量间接存取它所指向的变量的访问方式。

2. 指针的算术运算

指针可以加上或减去一个整数。指针运算都是以数据类型为单位进行的。当两个指针指向同一数组时,则可以进行比较,也可以相减两个指针不能进行加法运算,这是非法操作,因为进行加法后,得到的结果指向一个不知所向的地方,而且毫无意义。例如:

```
char a[20];
int *ptr = a;
ptr++;
```

指针 ptr 的类型是 int *,它指向的类型是 int,它被初始化为指向整型变量 a。编译器是

这样处理的：它把指针 ptr 的值加上了 sizeof(int)，在 32 位程序中，是被加上了 4，ptr 所指向的地址由原来的变量 a 的地址向高地址方向增加了 4 个字节。

3. 运算符 & 和 *

& 是取地址运算符，* 是间接运算符或称指针运算符。

&a 的运算结果是地址值(指针)，指针所指向的类型是 a 的类型，指针所指向就是 a 的地址。

*p 代表指针变量 p 指向的对象，也可理解为 p 所指向的内存单元的值。运算结果是具体的数据。

4. 指针表达式

一个表达式的结果如果是一个指针，那么这个表达式就叫指针表达式。例如：

```
int a,b;
int array[10];
int *pa;
pa = &a;                    //&a 是一个指针表达式
**ptr = &pa;                //&pa 也是一个指针表达式
*ptr = &b;                  //*ptr 和 &b 都是指针表达式
pa = array;
pa ++ ;                     //这也是指针表达式
```

5. 指针和数组的关系

数组的数组名可以看成一个指针。一般而言数组名代表数组首地址，假设 array 是一个数组，array＋3 则是一个指向数组第 3 个单元的指针，所以 *(array＋3)等于 array[3]。

假设声明了一个数组 int array[n]，则数组名称 array 就有了两重含义：第一，它是数组首地址，代表整个数组；第二，它是一个常量指针，该指针指向的类型是 int，也就是数组单元的类型，该指针指向的内存区就是数组第一个元素。但它与指针变量有区别，它是一个指针常量，该指针的值是不能修改的，类似 array＋＋的表达式是错误的。

在表达式 sizeof(array)中，数组名 array 代表数组本身，故这时 sizeof 函数测出的是整个数组的大小。

在表达式 *array 中，array 扮演的是指针，因此这个表达式的结果就是数组第 1 个元素的值。

表达式 array＋n(其中 n＝0,1,2,…)中，array 扮演的是指针，故 array＋n 的结果是一个指针，它指向的类型是 TYPE，它指向数组第 n＋1 个元素。

6. 指针和函数的关系

可以把一个指针声明成为一个指向函数的指针。

```
int fun1(char *,int);
int (*pfun1)(char *,int);
pfun1 = fun1;
int a = (*pfun1)("abcdefg",7);              //通过函数指针调用函数
```

可以把指针作为函数的形参。在函数调用语句中，可以用指针表达式来作为实参。如果用指针变量作形参，用地址作实参，则可以使被调用函数中的形参指向主调函数中的参数，从

而通过在被调用函数中处理指针指向的内容来处理主调函数的参数。用此方法也可以再被调用函数中处理主调函数中的数组和字符串。

一个函数如果使用了指针作为形参,那么在函数调用语句的实参和形参的结合过程中,必须保证类型一致,否则需要作指针类型转换。

当把函数名赋值给一个指针变量时,指针变量中的内容就是函数的入口地址,该指针时指向这个函数的指针,即函数指针。通过指针变量可以找到并调用这个函数。函数指针的定义形式:类型符(*函数指针变量名)()。

如果函数的返回值是地址量,则函数的类型是指针型。指针型函数的定义形式:

```
类型符 *函数名(参数表)
{}
```

7. 指针的安全问题

指针在使用时一定要时刻注意其指向,否则可能会造成崩溃性的错误。例如:

```
char a;
int *ptr=&a;
ptr++;
*ptr=115;
```

此程序段编译时没有错误并能执行。但第3行对指针ptr进行自加1运算后,ptr指向了和整型变量a相邻的高地址方向的一块内存区域。此区域内是什么?我们不知道。有可能它是一个非常重要的数据,甚至可能是系统文件的存储位置。而第4句竟然往这片内存区域里写入一个数据,这是非常严重的错误。

因此,在使用指针时,必须非常清楚:指针究竟指向了哪里。在用指针访问数组的时候,也要注意不要超出数组的低端和高端界限,否则也会造成类似的错误。

8. 动态内存分配

动态存储区在用户的程序之外,不是由系统自动分配的,而是由用户在程序中通过动态申请获取的。其中,函数calloc()和malloc()用于动态申请内存空间,函数realloc()用于重新改变已分配的动态内存的大小,函数free()用于释放不再使用的动态内存空间。

习题六

一、选择题

1. 变量的指针,其含义是指该变量的(　　)。

(A) 值　　(B) 地址　　(C) 名　　(D) 一个标志

2. 已有定义int k=2;int *ptr1,*ptr2;且ptr1和ptr2均已指向变量k,下面不能正确执行的赋值语句是(　　)。

(A) k=*ptr1+*ptr2　　(B) ptr2=k

(C) ptr1=ptr2　　(D) k=*ptr1*(*ptr2)

3. 若有说明int *p,m=5,n;,以下程序段正确的是(　　)。

(A) p=&n;　　(B) p=&n;

scanf("%d",&p); scanf("%d",*p);

(C) scanf("%d",&n); (D) p = &n ;

*p=n ; *p = m ;

4. 已有变量定义和函数调用语句 int a=25;print_value(&a);,下面函数的输出结果是( )。

```
void print_value(int *x)
{   printf("%d\n",++*x); }
```

(A) 23 (B) 24 (C) 25 (D) 26

5. 若有说明 int *p1, *p2,m=5,n;,以下均是正确赋值语句的选项是( )。

(A) p1=&m; p2=&p1 ; (B) p1=&m; p2=&n; *p1=*p2 ;

(C) p1=&m; p2=p1 ; (D) p1=&m; *p1=*p2 ;

6. 若有语句 int *p,a=4;和 p=&a;,下面均代表地址的一组选项是( )。

(A) a,p,*&a (B) &*a,&a,*p

(C) *&p,*p,&a (D) &a,&*p,p

7. 下面判断正确的是( )。

(A) char *s="china"; 等价于 char *s; s="china";

(B) char str[10]={"china"}; 等价于 char str[10]; str[ ]={"china";}

(C) char *a="china"; 等价于 char *a; *a="china";

(D) char c[4]="abc",d[4]="abc"; 等价于 char c[4]=d[4]="abc";

8. 下面程序段中,for 循环的执行次数是( )。

```
char *s="\ta\018bc";
for ( ; *s!='\0';s++) printf("*");
```

(A) 6 (B) 7 (C) 9 (D) 5

9. 下面能正确进行字符串赋值操作的是( )。

(A) char s[5]={"ABCDE"};

(B) char s[5]={'A','B','C','D','E'};

(C) char *s ; s="ABCDE" ;

(D) char *s; scanf("%s",s) ;

10. 下面程序段的运行结果是( )。

```
char *s="abcde";
s+=2 ; printf("%d",s);
```

(A) cde (B) 字符'c'

(C) 字符'c'的地址 (D) 不确定

11. 下面程序的输出结果是( )。

```
main()
{ int a[10]={1,2,3,4,5,6,7,8,9,10},*p=a;
  printf("%d\n",*(p+2));}
```

(A) 3 (B) 4 (C) 1 (D) 2

12. 设有说明 double(*p1)[N];,其中标识符 p1 是( )。

(A) N个指向double型变量的指针

(B) 指向N个double型变量的函数指针

(C) 一个指向由N个double型元素组成的一维数组的指针

(D) 具有N个指针元素的一维指针数组,每个元素都只能指向double型量

13. 设有如下定义char *aa[2]={"abcd","ABCD"};,则以下说法中正确的是(　　)。

(A) aa数组成元素的值分别是"abcd"和ABCD"

(B) aa是指针变量,它指向含有两个数组元素的字符型一维数组

(C) aa数组的两个元素分别存放的是含有4个字符的一维字符数组的首地址

(D) aa数组的两个元素中各自存放了字符'a'和'A'的地址

14. 设A为存放(短)整型的一维数组,如果A的首地址为P,那么A中第i个元素的地址为(　　)。

(A) P+i*2　　(B) P+(i-1)*2

(C) P+(i-1)　　(D) P+i

15. 若有说明语句int a, b, c, *d=&c;,则能正确从键盘读入三个整数分别赋给变量a、b、c的语句是(　　)。

(A) scanf("%d%d%d", &a, &b, d);

(B) scanf("%d%d%d", a, b, d);

(C) scanf("%d%d%d", &a, &b, &d);

(D) scanf("%d%d%d", a, b, *d);

16. 下列程序的输出结果是(　　)。

```
char *p1 = "abcd", *p2 = "ABCD", str[50] = "xyz";
strcpy(str + 2,strcat(p1 + 2,p2 + 1));
printf("%s",str);
```

(A) xyabcAB　　(B) abcABz　　(C) ABabcz　　(D) xycdBCD

17. 下列程序的输出结果是(　　)。

```
int a[5] = {2,4,6,8,10}, *P, * *k;
p = a;  k = &p;
printf("%d", *(p++));
printf("%d\n", * *k);
```

(A) 4 4　　(B) 2 2　　(C) 2 4　　(D) 4 6

18. 下面程序的运行结果是(　　)。

```
void main ( )
{
int x[5] = {2,4,6,8,10}, *p, **pp ;
   p = x , pp = &p ;
   printf("%d", *(p++));
   printf("%3d", **pp);
}
```

(A) 4　4　　(B) 2　4　　(C) 2　2　　(D) 4　6

19. 若有定义 int x[4][3]={1,2,3,4,5,6,7,8,9,10,11,12}; int (*p)[3]=x ; 则能够正确表示数组元素 x[1][2]的表达式是(　　)。

(A) *((*p+1)[2])　　(B) (*p+1)+2

(C) *(*(p+5))　　(D) *(*(p+1)+2)

20. 已有定义 int (*p)();,指针 p 可以(　　)。

(A) 代表函数的返回值　　(B) 指向函数的入口地址

(C) 表示函数的类型　　(D) 表示函数返回值的类型

21. 若有函数 max(a,b),并且已使函数指针变量 p 指向函数 max,当调用该函数时,正确的调用方法是 p(a,b)或(　　)。

(A) (*p)max(a,b)　　(B) *pmax(a,b);

(C) (*p)(a,b);　　(D) *p(a,b);

二、填空题

1. 使用语句"int *pi;"定义指针变量后,指针变量 pi 只能存放____________。

2. 已知 int a[5],*p=a;,则 p 指向数组元素________________,而 p+3 指向__________。

3. 若有定义和语句 int a[4]={1,2,3,4},*p; p=&a[2];,则 *--p 的值是______。

4. 若有定义和语句 int a[2][3]={0},(*p)[3]; p=a;,则 p+1 表示数组______。

5. 下面程序段的运行结果是______。

```
char s[80], *t="EXAMPLE";
 t=strcpy(s, t);
 s[0]='e';
 puts(t);
```

6. 下面程序的运行结果是______。

```
#include<stdio.h>
 void main()
 {
  char s[]="1357", *t;
  t=s;
  printf("%c,%c\n", *t, ++*t);
 }
```

7. 有以下程序运行后的输出结果是______。

```
#include "string.h"
#include "stdio.h"
void main()
{
 char *p="abcde\0fghjik\0";
  printf("%d\n", strlen(p));
}
```

8. 下面程序的功能是比较两个字符串是否相等，若相等则返回 1，否则返回 0。请填空。

```
#include"stdio.h"
#include"string.h"
fun (char *s, char *t)
{
  int m=0;
  while (*(s+m)==*(t+m) && ____________________) m++;
  return (__________________?1:0);
}
```

9. 下面程序的运行结果是________。

```
void swap(int *a, int *b)
{
  int *t;
  t=a;
  a=b;
  b=t;
}
void main()
{
  int x=3, y=5, *p=&x, *q=&y;
  swap(p,q);
    printf("%d  %d\n", *p, *q);
}
```

10. 下面程序是判断输入的字符串是否是“回文”(顺读和倒读都一样的字符串称为“回文”，如 level)。请填空。

```
#include"stdio.h"
#include"string.h"
void main()
{
  char s[80], *t1, *t2;
   int m;
   gets(s);
   m=strlen(s);
   t1=s;
   t2=________________;
  while(t1<t2)
   {
  if (*t1!=*t2)  break;
   else {
```

```
    t1++;
    ________________;}
}
```

三、编程题

1. 编写一个函数,将字符串 s 转换为整型数返回并在主函数中调用该函数输出转换后的结果,注意负数处理方法。

2. 编程定义一个整型、一个双精度型、一个字符型的指针,并赋初值,然后显示各指针所指目标的值与地址,各指针的值与指针本身的地址及各指针所占字节数(长度)(其中地址用十六进制显示)。

3. 利用指向行的指针变量求 5×3 数组各行元素之和。

4. 编写一个求字符串的函数(参数用指针),在主函数中输入字符串,并输出其长度。

5. 输入 10 个整数,将其中最小的数与第一个数对换,把最大的数与最后一个数对换。

6. 有若干个学生成绩(每个学生有 4 门课),要求在用户输入学号后,能输出学生的全部成绩。

7. 将一个 5×5 的矩阵中最大的元素放在中心,4 个角分别放 4 个最小的元素,顺序为从左到右,从上到下顺序依次从小到大存放。

8. 有一字符串,包含 n 个字符。编写一个函数,将此字符串中从第 m 个字符开始的全部字符复制成为另一个字符串。

第7章　用户自己建立数据类型

在实际应用中，经常会遇到对某一客观事物及其属性的描述，例如学生信息中的学号、姓名、年龄、家庭住址等属性项。这些属性项是不属于同一类型的数据，而学生个人是一个整体概念的数据，是由这些属性项组成的一个有机整体。因此，不能将各属性用独立的简单数据项分开表示，分开定义不便于整体操作。由于各属性项类型不同，也不能存放于数组中。处理此类比较复杂的数据问题时，只用系统提供的类型不能满足实际应用需要，C语言允许用户根据需要自己建立一些数据类型，再用来定义变量。本章将就自定义数据类型中的结构体、共用体、枚举类型和 typedef 声明方式的概念及使用作详细介绍。

7.1　结构体类型变量的定义

7.1.1　结构体类型的概念及定义

结构体是一个用户自己建立的可以包含不同类型数据的数据结构，是一种由多种数据类型组成的自定义数据类型。结构体和数组都是多个数据项的集合，但它们的不同点主要在于：结构体可以在一个结构中声明不同的数据类型，而数组中的各元素时同类型。数组的元素是等类型(等长)的，因此可以非常方便的采用下标法来调用某个元素，而结构体内的成员类型不相同，不能用类似下标的方法进行调用。

例如描写一个学生的基本情况，涉及学号、姓名、性别、两门课的成绩，分别用 int num;char name[8];char sex;float score[2]表示，要描写这样一个由不同数据类型构成的对象，需要定义一个结构体类型。

结构体类型的一般定义形式为：

```
struct  结构体名
 {
   数据类型  成员名 1;
   数据类型  成员名 2;
   数据类型  成员名 3;
    ………………
   数据类型  成员名 n;
 };
```

要描写上述学生的基本情况，需定义的结构体类型为：

```
struct student                         //定义学生结构体类型 *
{
  char name[20];                       //学生姓名
  char sex;                            //性别
  int num;                             //学号
  float score[2];                      //两科考试成绩
};
```

在此定义中，struct 为结构体定义必需的关键字，结构体类型名为 student(用户自定义名称)，该结构体由四个成员组成。第一个成员为整型的 num 变量、第二个成员为字符型的 name 数组、第三个成员为字符型的 sex 变量、第四个成员为浮点型的 score 数组。

注意：此定义仅仅是结构体类型的定义，说明了结构体类型的构成情况，C 语言并没有为其分配存储空间。结构体中的每个数据成员称为分量或域，成员并等同于变量，不能直接赋值使用，在实际应用中还需定义结构变量，再通过定义的变量访问结构体中的成员。结构体各成员名后的分号及结构体花括号后面的分号是不可缺少的。

结构体类型的定义可以在函数内，也可以在函数外。在函数内定义时，只在函数内部可见。在函数外定义时，则从定义开始到文件结束都可见。

结构体类型并非一种，可以自己构造许多不同的结构体类型。例如 struct person、struct product 等，各自可以包含不同的成员。

结构体内的成员也可以属于另外一个结构体类型。例如：

```
struct date
{
    int month;
    int day;
    int year;
};
struct product
{
    int num;
    char address[20];
    struct date produce;
};
```

在此定义中，先声明了一个结构体类型 struct date，其中包括 month、day、year 三个成员。然后在结构体类型 struct product 声明时，将成员 produce 指定为 struct date 类型。struct product 类型存储结构如图 7.1 所示。

<table>
<tr><td rowspan="2">num</td><td rowspan="2">address</td><td colspan="3">produce</td></tr>
<tr><td>month</td><td>day</td><td>year</td></tr>
</table>

图 7.1　结构体存储结构示意

7.1.2 结构体类型变量的定义

定义结构体类型只相当于有了一个适合实际应用的数据类型,系统不会为类型分配内存空间,也就不能将类型用来存储数据。因此,当结构体类型声明完成后,为了能在程序中使用结构体类型的数据,应当用声明的结构体类型来定义结构体变量,用以存放具体的数据。

结构体类型变量的定义与其他类型的变量的定义方法基本一致,但由于结构体类型需要针对具体应用先行定义,所以结构体类型变量的定义形式就增加了灵活性,定义结构体变量的方法共有 3 种:结构体类型与结构体变量分开定义、结构体类型与结构体变量同时定义和不指定结构体类型名而直接定义结构体变量。

1. 结构体类型与结构体变量分开定义

分开定义是指先定义结构体类型,再定义结构体变量。定义的一般形式为:

```
struct 结构体类型名 结构体变量表
```

例如:

```
struct student
  {
      char name[20];
      char sex;
      int num;
      float score[2];
  };
struct student student1,student2;            //定义结构体类型变量
struct student student3,student4;
```

以上用先声明的 struct student 结构体类型分两次定义了 4 个变量。这样变量 student1、student2、student3、student4 就具有 struct student 类型的相同结构,即拥有了相同的成员。

用此类方法使得声明类型和定义变量分离,形式更为灵活,可以定义更多的结构体类型变量,并可以在需要时随时定义变量。

定义结构体变量之后,系统会自动为结构体变量的所有成员分配相应的内存空间,结构体变量所占的存储空间是结构体类型各成员所占空间之和。

在实际应用中可用语句 sizeof(struct student);测试结构体变量占用内存空间的大小。

2. 结构体类型与结构体变量同时定义

此定义方法与前一方法作用相同,定义的一般形式为:

```
struct  结构体名
 {
   成员表列
 }变量名表列;
```

例如:

```
struct date
  {
      int month;
```

```
        int day;
        int year;
    }day1,day2;
```

类型声明和变量定义同时进行可以直观地看到结构体内的成员组成情况，适合于程序中结构体变量使用比较少的情况。如程序较大，出现较多结构体变量时，为了程序的结构化，便于维护，不建议使用此定义方法，应该使用第一种方法。

3. 直接定义结构体类型变量

此定义方法与前两种方法形式和作用都有不同，定义的一般形式为：

```
struct
 {
   成员表列
}变量名表列;
struct
  {
      int num;
      char address[20];
      struct date produce;
  }product1,product2;
```

此定义方法形式和第二种方法类似，但定义结构体类型时没有指定类型名。由于无类型名，系统无法记录该结构体类型，因此除直接定义外，不能再定义该结构体类型的其他变量。

注意：结构体类型与结构体变量不是同一概念。结构体类型不分配空间，不能进行赋值、存储和运算等操作，而结构体变量可以。定义结构体变量时，允许使用和成员名相同的名称，二者不代表同一对象，互不干扰。但为了程序的清晰性，不建议使用相同名称。

7.1.3　结构体类型变量的引用

C 语言中引用变量的基本原则是在使用变量前，需要对变量进行定义并初始化。其方法是在定义变量的同时给它赋一个初始值。结构体变量的初始化遵循相同的规律。

结构体变量的初始化方式与数组类似，分别给结构体的成员变量赋以初始值。由于结构体类型变量拥有各类不同数据类型的成员，所以结构体类型变量的初始化就略显复杂。

初始化的一般形式为：

```
struct 结构体名
 {
   成员变量列表;
 };
struct 结构体名 变量名={初始化值1,初始化值2,…,初始化值n};
```

例如：

```
struct student
  {
      char name[20];
```

```
        char sex;
        int num;
        float score[2];
    };
struct student student1 = {"liyi",'f',970541,78.5,92.0};
```

此例是对应结构体变量定义的第一种方法进行的初始化，其他两种定义方法的变量初始化可参照进行。

在对结构体变量进行初始化时，既可以初始化其全部成员变量，也可以仅对其中部分的成员进行初始化。

例如：

```
struct Student
  {
      char name[20];
      char sex;
      int num;
      float score[2];
  } student1 = {"liyi",'f'};
```

初始化的结果只有第一个和第二个成员存入相应的值，仅仅对变量的部分成员进行初始化时，要求初始化的数据至少有一个，其他没有初始化的成员由系统完成初始化，为其赋予缺省的 0 或空值。

定义了结构体类型和结构体类型变量并初始化后，怎样正确地引用该结构体类型变量中的成员呢？C 规定引用的形式为：

结构体类型变量名.成员名

如定义的结构体类型及变量如下：

```
struct data
  {
      int month;
      int day;
      int year;
  }day1,day2;
```

变量 day1 和 day2 各成员的引用形式为：day1. month、day1. day、day1. year 和 day2. month、day2. day、day2. year。

结构体类型变量的各成员与其他类型变量使用方法完全相同。

例 7.1 设计一个职工信息的结构体类型，用结构体定义变量，输入相关信息后对职工工资求和并输出。

```
#include <stdio.h>
void main()
{
    struct worker                        //定义一个结构类型 worker 同时定义变量
```

```
    {
        char name[8];
        int age;
        char sex;
        float wage1,wage2,wage3;
    }wk;
    float wage;
    char c = 'Y';
    while(c == 'Y'||c == 'y')                    //判断是否继续循环
    {
        printf("Name：");
        scanf("%s",wk.name);                    //输入姓名
        printf("Age：");
        scanf("%d",&wk.age);                    //输入年龄
        printf("Sex：");
        scanf("%c",wk.sex);                     //输入性别
        printf("Wage1：");
        scanf("%f",&wk.wage1);                  //输入工资
        printf("Wage2：");
        scanf("%f",&wk.wage2);
        printf("Wage3：");
        scanf("%f",&wk.wage3);
        wage = wk.wage1 + wk.wage2 + wk.wage3;
        printf("The sum of wage is %7.2f\n", wage);
        printf("Continue? <Y/N>");
        c = getchar();
    }
}
```

程序运行结果：

```
Name:zhangsan↙
Age:23↙
Sex:M↙
Wage1:100
Wage2:200
Wage3:300
The sum of wage is 600.00
Continue? N
```

分析：程序中声明了一个 worker 结构体类型并同时定义了变量 wk。这样 wk 就拥有了 name、age、Sex、wage1、wage2、wage3 成员，然后用和 wk.name 相同的方法引用各个成员，分

别对它们进行了输入操作，最后将 wage1、wage2、wage3 三个成员的值加起来后输出，得到最后工资总和的结果。

C 语言中将引用成员时使用的“.”符号称为成员运算符，它在所有运算符中优先级最高，因此可以将 wk.name 看成一个整体，相当于一个变量来使用。例如：

```
wage = wk.wage1 + wk.wage2 + wk.wage3;
```

该语句是把 wk 变量中的三个成员 wk.wage1，wk.wage2，wk.wage3 相加并将结果赋值到变量 wage 中。可以看出，用“结构体类型变量名.成员名”形式引用的成员，和普通变量一样可以参与算术运算、赋值运算等各种运算。

如果成员本身又属于另一个结构体类型，在引用时要使用若干个成员运算符，逐级引用。例如在 7.1.1 节中声明了一个 product 的结构体类型，其中包含另一个结构体类型(date)的成员 produce，则引用成员 produce 的方式为

```
struct product pd1;
pd1.produce.year = 2012;
pd1.produce.month = 09;
pd1.produce.day = 01;
```

注意：只能对结构体变量中的各个成员分别进行输入、输出等操作，不能企图使用结构体变量名达到操作所有成员的目的，如：

printf("%s\n",pd1); 或 printf("%s\n",pd1.produce);

不能用 pd1.produce 来访问变量 pd1 的成员 produce，因为 produce 本身是一个结构体类型的成员，以上两个语句都是错误的用法。

7.2 使用结构体数组

实际应用中，单个的结构体类型变量对解决实际问题作用不大。例如一个班有 30 个学生，一个车间生产 10 种产品，单个学生和单个产品在处理时都可以用结构体来解决其多种不同类型属性的问题，但多个学生或产品处理时仅用一个结构体变量是不够的。这类情况下，一般是以结构体类型数组的形式存放多个相同结构体变量。

7.2.1 结构体数组的定义及初始化

结构体数组就是若干个具有相同结构体类型的变量的有序集合。结构体数组中每个元素都是一个结构体类型的数据，它们都分别包含结构体中各个成员项。

结构体类型数组的定义形式为：

```
struct 结构体名
 {
  成员变量列表;
 }数组名[数组长度];
```

也可以先声明一个结构体类型，然后再用此类型定义结构体数组，定义形式为：

```
struct 结构体名
 {
```

```
 成员变量列表;
};
struct 结构体名 数组名[数组长度];
```

下面举一个简单的例子说明如何定义和引用结构体数组。

例 7.2　有 3 个学生信息(包括姓名、学号、成绩),输入每个学生相关信息并输出。

```
#include<stdio.h>
void main()
{
    struct student
    {
        char name[10];
        int num;
        float score;
    };
    struct student stu[3];                    //定义结构体数组
    int i;
    printf("please input information:\n");
    for(i=0;i<3;i++)
        scanf("%s %d %f",stu[i].name,&stu[i].num,&stu[i].score);
    printf("you just input:\n");
    for(i=0;i<3;i++)
        printf("%-5s%-10d%-10.2f",stu[i].name,stu[i].num,stu[i].score);
}
```

程序运行结果:

```
please input information:
zhangsan 1001 98 ↙
lisi 1002 99 ↙
wangwu 1003 100 ↙
you just input:
zhangsan 1001 98.00 lisi 1002 99.00 wangwu 1003 100.00
```

程序中声明了一个结构体类型 struct student,用此结构体类型定义了一个结构体数组 stu,它有 3 个元素,每个元素包含 3 个成员:name(姓名),num(学号),score(成绩)。程序采用循环的方式对数组进行输入和计算并最终输出。

此程序中的数组输入还可以采用初始化的方法,对结构体数组初始化的形式是:

```
struct 结构体名 数组名[数组长度]={初值表列};
```

例如:

```
struct student stu[3]={{"zhangsan",1001,98},{"lisi",1002,99},{"wangwu",1003,100}};
```

注意:初值表列的内部花括号是为了更好地区分各个元素,可以省略。初始化是按照数组元素顺序+成员顺序的方式依次赋值，因此，如有某些成员不需要赋值的情况，其所在位置的逗号不能省略。

7.2.2 结构体数组的应用举例

前一节中的例子是对结构体数组简单使用的范例，实际使用中，可以对它加以扩充增加其他的功能。

例 7.3 有 3 个学生，每个学生的数据包括学号、姓名、3 门课的成绩。从键盘输入 3 个学生数据，要求打印出 3 门课总平均成绩，以及最高分的学生的数据，包括学号、姓名、3 门课的成绩以及平均分数。

```
#include <stdio.h>
#define N 3
struct student
{
    int num;
    char name[10];
    int score[3];
    int sum;
    double aver;
};
void main()
{
    struct student stu[N];
    int i,max;                          //max 记录平均成绩最高的同学的下标
    double aver;
    for(i=0;i<N;i++)
    {
        printf("please input num:");
        scanf("%d",&stu[i].num);
        getchar();          //清掉缓冲区的数据,为了清掉学号输入时最后的换行
        printf("please input name:");
        scanf("%s",stu[i].name);
        printf("please input three classes scores:");
        scanf("%d%d%d",&stu[i].score[0],&stu[i].score[1],&stu[i].score[2]);
        stu[i].sum=stu[i].score[0]+stu[i].score[1]+stu[i].score[2];
        stu[i].aver=stu[i].sum/N.;
    }
    for(i=0,aver=0,max=0;i<N;i++)
```

```
    {
        aver += stu[i].aver;
        if(stu[i].aver>stu[max].aver)
            max = i;                              //记录成绩最高同学的序号
    }
    aver = aver/N;
    printf("\n total average of three classes %f",aver);
    printf("\n The top students information:");
    printf("\n num: %d",stu[max].num);
    printf("\n name: %s\n", stu[max].name);
    printf("Three classes scores: %d %d %d",stu[max].score[0],stu[max].score[1],
        stu[max].score[2]);
    printf("\n average: %f\n",stu[max].aver);
}
```

程序运行结果：

```
please input num:1001↙
please input name:zhangsan↙
please input three classes scores:78 88 98↙
please input num:1002↙
please input name:lisi↙
please input three classes scores:79 89 99↙
please input num:1003↙
please input name:wangwu↙
please input three classes scores:80 90 100↙

total average of three classes 89.00
The top students information:
num:1003
name:wangwu
Three classes scores:80 90 100
average:90.00
```

程序第二行定义了常量 N，在程序的运行过程中它的值不能改变。如果学生人数改为 10 人，只需将第二行中的数字 3 改为 10，其他行不作修改。

程序中声明的结构体类型 struct student 包含 5 个成员，其中前 3 个成员用于存放每个学生的基本信息，后两个成员分别用于存放个人总分和平均分。

程序中的第二个 for 循环是逐个比较结构体数组中每个元素 aver 成员值，如果第 i 个元素 aver 成员值大于第 max 个元素 aver 成员值时，将 i 赋值给 max，最终的作用是在 max 中记录 aver 成员值最大同学的数组下标，以便最终输出相应数据。

7.3 结构体指针

指针变量非常灵活方便,可以指向任一类型的变量。对于结构体类型,同样可以定义指针,若定义指针变量指向结构体类型变量,则可以通过指针来引用结构体类型变量。在C语言中,将指向结构体变量的指针,称为结构体指针。一个结构体变量的起始地址就是这个结构体变量的指针。如果将结构体变量的起始地址存放在一个指针变量中,那么,这个指针变量就指向该结构体变量。

7.3.1 结构体指针的定义及初始化

结构体指针定义的一般格式为:

struct 结构体名 *指针变量名

例如:

```
struct stu *student;
```

指针在定义后,应该给其赋予具体的地址值,使其有所指向。因此,应定义一个和student指针变量同类型的变量,并将变量地址赋值给student。

例如:

```
struct stu stu1;
student = &stu1;
```

经过这样的操作,使结构体指针student指向结构体变量stu1。

通过指向结构体的指针变量引用结构体成员的方法是:

指针变量->结构体成员名

"->"称为指向运算符,它与成员运算符"."的作用都是用于引用结构体变量的某个成员,但它们的应用环境完全不同,前者是与指向结构体变量的指针连用,而后者是用在一般结构体变量中。两者都具有最高优先级,按自左向右的方向结合。

根据指针的运算规则可以得出:指针变量->结构体成员名等价于(*指针变量).结构体成员名。

例7.4 通过结构体指针对结构体变量进行输入和输出操作。

```
#include <stdio.h>
struct data
{
    int day;
    int month;
    int year;
};
struct stu
{
    char name[20];
    long num;
```

```
    struct data birthday;
};
void main()
{
    struct stu stu1;                    //定义结构体变量
    struct stu * student;               //定义结构体指针
    student = &stu1;                    //使 student 指向 stu1
    printf("Input name,number,year,month,day:\n");
    scanf("%s",student->name);
    scanf("%ld",&student->num);
    scanf("%d%d%d",&student->birthday.year,&student->birthday.month,
        &student->birthday.day);
    printf("\nOutput name,number,year,month,day\n");
    printf("%20s%10ld%10d/%d/%d\n",student->name,student->num,
          student->birthday.year,student->birthday.month,student->
          birthday.day);
}
```

程序运行结果：

```
Input name,number,year,month,day:
zhangsan↙
1001↙
1989 05 20↙

Output name,number,year,month,day
         zhangsan      1001      1989/5/20
```

程序在主函数前声明了 struct data 类型，然后用该类型在主函数中定义了变量 stu1 以及 student 指针，它指向 struct data 结构体类型。执行部分中，用指针变量 student 逐个引用结构体变量 stu1 中的成员，实现输入/输出。

7.3.2 指向结构体数组的指针

定义一个结构体类型数组，其数组名是数组的首地址，再定义结构体类型的指针，此指针既可指向数组的元素，也可以指向数组，在使用时要加以区分。

例如：

```
struct data
{
    int day;
    int month;
    int year;
};
```

```
struct stu
 {
     char name[20];
     long num;
     struct data birthday;
 };
struct student[4], * p;
```

这里定义了结构体数组 student 及指向结构体类型的指针 p。再执行 p=student，此时指针 p 就指向了结构体数组 student。

p 是指向一维结构体数组的指针，对数组元素的引用可采用 3 种方法。

(1) 地址法

student+i 和 p+i 均表示数组第 i 个元素的地址，数组元素各成员的引用形式为：(student+i)->name、(student+i)->num 和(p+i)->name、(p+i)->num 等。student+i 和 p+i 与 &student[i]意义相同。

(2) 指针法

若 p 指向数组的某一个元素，则 p++就指向其后续元素。

(3) 指针的数组表示法

若 p=student，指针 p 指向数组 student，p[i]表示数组的第 i 个元素，其效果与 student[i]等同。对数组成员的引用描述为：p[i]. name、p[i]. num 等。

例 7.5 指向结构体数组的指针变量的使用。

```
#include<stdio.h>
struct data
{
    int day;
    int month;
    int year;
};
struct stu
{
    char name[20];
    long num;
    struct data birthday;
};
void main()
{
    int i;
    struct stu *p,student[4] = {{"zhangsan",1001,1988,5,23},{"lisi",1002,1989,3,14},
    {"wangwu",1003,1990,5,6},{"zhaoliu",1004,1990,4,21}};
    //定义结构体数组并初始化
```

```
    p = student;          //将数组的首地址赋值给指针p,p指向了一维数组student
    for(i = 0;i<4;i++)//采用指针法输出数组元素的各成员
        printf("%20s%10ld%10d/%d/%d\n",(p+i)->name,(p+i)->num,(p+i)
        ->birthday.year,(p+i)->birthday.month, (p+i)->birthday.day);
}
```

程序运行结果：

```
zhangsan         1001            23/5/1988
lisi             1002            14/3/1989
wangwu           1003            6/5/1990
zhaoliu          1004            21/4/1990
```

程序中的循环也可以改为：

```
for(p= student;p< student +4;p++)
{
printf("%20s%10ld%10d/%d/%d\n",(*p).name,(*p).num,(*p).birthday.year,
      (*p).birthday.month, (*p).birthday.day);
}
```

前一种循环采用的是地址法，后一种循环采用的是指针法，两者所得到的结果是完全一致的。

7.3.3 结构体变量和指向结构体变量的指针作为函数参数

结构体作为一种数据类型，可以定义变量、数组、指针变量等。实际应用中，经常存在函数调用时须传递结构体类型数据的情况。

C语言中允许用结构变量作函数参数进行整体传送。但是这种传送要将全部成员逐个传送，特别是成员为数组时将会使传送的时间和空间开销很大，严重地降低了程序的效率。因此最好的办法就是使用指针，即用指针变量作为函数参数进行传送。这时由实参传向形参的只是地址，从而减少了时间和空间的开销。

将一个结构体变量的值传递给另外一个函数，有以下3种方法。

(1) 结构体的成员作函数的参数

调用方法与普通变量作函数参数的用法相同。属于"值传送"方式，函数的调用不能改变实参的值。

(2) 结构体指针作函数的参数

将结构体变量或数组元素的地址传递给被调函数的形参，因为无须传递各个成员的值，只需传递一个地址，且函数中的结构体成员并不占据新的内存单元，而与主调函数中的成员共享存储单元，这种方式比用结构体变量作函数参数效率高。特别是当结构体规模很大时，能有效节省系统开销。

这种方式还可通过修改形参所指成员影响实参所对应的成员值。

(3) 结构体变量作函数的参数

此方法采取的也是"值传递"方式，将结构体变量的全部成员值按顺序传送给被调函数的形参。这种传递方式效率低，也不能改变实参的值。

例 7.6 计算一组学生的平均成绩及统计不及格人数。

```
#include<stdio.h>
#define N 3
struct stu
{
    int num;
    char name[20];
    char sex;
    float score;
};
 struct stu student[N] = {{1001,"zhangsan",'M',45},
                          {1002,"lisi",'M',62.5},
                          {1003,"wangwu",'M',92.5},
                          };
void main()
{
    struct stu *ps;
    void ave(struct stu *ps);
    ps = student;
    ave(ps);
}
void ave(struct stu *ps)
{
    int count = 0,i;
    float ave,sum = 0;
    for(i = 0;i<N;i++,ps++)
      {
        sum = sum + ps->score;
        if(ps->score<60) count = count + 1;
      }
    printf("sum = %.2f\n",sum);
    ave = sum/N;
    printf("average = %.2f\ncount = %d\n",ave,count);
}
```

程序运行结果：

```
sum = 200.00
average = 66.67
count = 1
```

程序中定义了函数 ave,形参为结构指针变量 ps。student 被定义为外部结构数组,因此在整个源程序中有效。在主函数中定义了结构指针变量 ps,并把 student 的首地址赋值给它,使 ps 指向 student 数组。然后以 ps 作实参调用函数 ave。在函数 ave 中完成计算平均成绩和统计不及格人数并输出结果。

由于程序全部采用指针变量作运算和处理,故速度更快,程序效率更高。程序采用的第二种结构体传递方法,读者可根据前面章节中的学习,尝试采用第一种和第三种方法对程序进行修改。

注意:在函数调用时,要遵循实参与形参类型一致的原则。结构体变量或指向结构体变量的指针作为函数参数同样要注意保持形参和实参一致,即实参和形参都应为结构体类型。在定义被调用函数时,一定要注意形参类型。

7.4　结构体与链表

链表是一种物理存储单元上非连续、非顺序的存储结构,数据元素的逻辑顺序是通过链表中的指针链接次序实现的。链表是 C 语言中一种重要的数据结构,它可以动态地进行存储分配。

7.4.1　链表概述

根据前面章节的学习已知,用数组处理数据存在两方面的问题:

(1) 如果数据个数不确定,则数组长度必须是可能的最大长度,这显然会浪费内存;

(2) 当需要向数组增加或删除一个数据时,可能需要移动大量的数组元素,这会造成时间上的浪费。

为解决上述问题,本节将介绍一种新的数据结构——链表。

链表是一种动态地进行存储分配的数据结构,它根据需要开辟内存单元,不需要事先确定最大长度。链表在进行插入或者删除一个元素操作时也不会引起数据的大量移动。

图 7.2 展示了链表中最简单的单向链表结构。

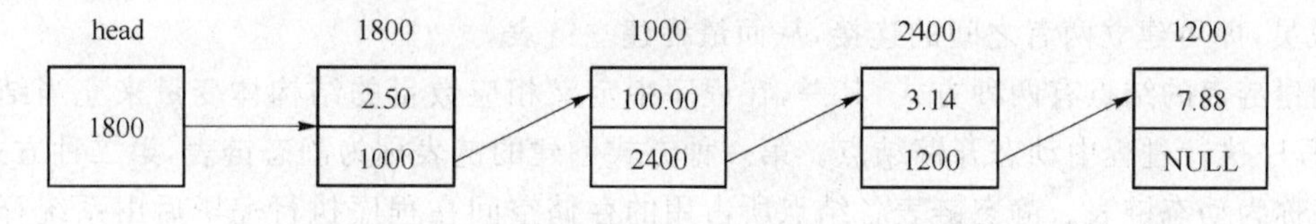

图 7.2　单向链表结构图

从图中可看出,链表有一个"头",一个"尾",中间有若干元素。每个元素称为一个结点。每个结点包括两部分:一部分是实际数据(图中方框内上部),称为数据域;另一部分是下一个结点的地址(图中方框内下部),称为指针域。

和其他元素不同的第一个 head 称为头指针,它指向链表的第一个结点。最后一个结点称为"表尾",该结点的指针域值为 0,指向内存中编号为零的地址(常用符号常量 NULL 表示,称为空地址),表尾不再有后继结点,链表到此结束。

图中每个结点上面的数字表示该结点的地址,可以看到链表中每个元素在内存中的地址可以是不连续的。要找到某个元素,必须先找到上一个元素,根据上一元素中指针域内所存地址找到下一个元素。如果没有"头指针",则整个链表无法开始,也就不能访问,链表中各元素互相连接,不能隔断。

链表各结点中,数据域中的数据与指针域中的数据通常具有不同的类型,数据域本身还可以包含类型不同的多个成员,因此,一般用结构体变量表示链表的一个结点。该结构体变量不仅要有成员表示数据域的值,还要有一个指针类型的成员表示指针域中的数据。图 7.3 所示链表为用结构体构建的单向链表。

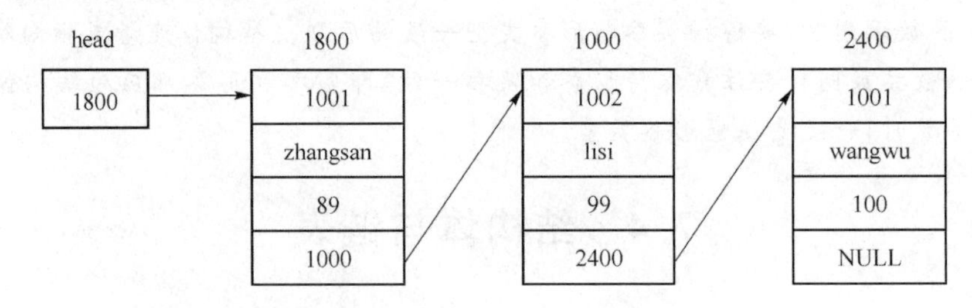

图 7.3　用结构体和指针构建链表示意图

图中用于构建链表的结构体类型定义如下:

```
struct student
{
    int num;
    char name[20];
    float score;
    struct student *next;
};
```

此结构体类型中,成员 num、name 和 score 存放结点中用户需要用到的数据,next 是指针类型的成员,基类型是结构体类型 struct student 本身,这样它就可以指向自己所在的结构体类型的数据。从图中可以看出,next 指针指向链表中的下一个结点。

图 7.3 中每一个结点都属于 struct student 类型,只要将下一结点的地址赋予前一结点的 next 成员,即可建立两者之间的连接,从而最终建立链表。

创建链表的结点有两种方式:其一,在程序中定义相应数量的结构体变量来充当结点;其二,在程序执行过程中动态开辟结点。第一种方式创建的链表称为静态链表,第二种方式创建的链表称为动态链表。静态链表各结点所占用的存储空间在程序执行完毕后由系统释放;动态链表可在程序执行过程中调用动态存储分配函数释放。

7.4.2 静态链表的建立

链表长度固定且结点个数较少时通常使用静态链表,静态链表所有结点都在程序中定义,不是临时开辟。下面举例说明静态链表的建立和输出方法。

例 7.7 按照图 7.3 所示建立简单静态链表并输出链表。

```
#include<stdio.h>
struct student
{
```

```
    int num;
    char name[20];
    float score;
    struct student *next;
};
void main()
{
    struct student a = {1001,"zhangsan",89},b = {1002,"lisi",99},
                         c = {1003,"wangwu",100};
    struct student *head, *p;
    head = &a;                                  //使头指针指向a结点
    a.next = &b;                                // a.next指向b结点
    b.next = &c;                                // b.next指向c结点
    c.next = NULL;
    for(p = head;p! = NULL;p = p->next)  //输出链表内容
        printf("%5d   %8s   %6.1f\n",p->num,p->name,p->score);
}
```

程序运行结果：

```
1001  zhangsan   89.0
1002      lisi   99.0
1003    wangwu  100.0
```

链表各结点的连接是通过结点地址赋值给前一结点 next 成员的方式，最后一个结点 c 后面没有其他结点，因此其 next 成员赋值 NULL，使 c.next 不指向任何有用的存储空间。

链表的输出借助指针变量 p，p 的初值由 head 赋予，即指向 a 结点。链表中结点都为结构体类型，因此可采用前面所学的通过指针引用结构体成员的方法输出各成员项。输出一个结点后，用 p＝p－＞next 使指针后移到下一结点继续输出，一直到 p＝ ＝NULL(next 成员为 NULL)时退出循环，结束整个链表的输出操作。

7.4.3 动态链表的创建和输出

与静态链表不同，动态链表可以动态地分配存储，即在程序运行过程中根据需要动态地开辟或者释放结点。动态链表各节点的地址是在需要时向系统申请分配的，系统根据内存的当前情况，既可以连续分配地址，也可以跳跃式分配地址。

创建动态链表是指在程序执行过程中从无到有地建立一个链表。动态链表的创建过程大致分以下几步。

(1) 定义链表的数据结构。

(2) 创建一个空表。

(3) 利用 malloc()函数向系统申请分配一个节点。

(4) 将新节点的指针成员赋值为空。若是空表，将新节点连接到表头；若是非空表，将新节点接到表尾。

(5) 判断是否有后续节点要接入链表,若有则转到步骤(3)继续执行,否则结束。

下面程序段编写函数说明动态链表的创建过程。

```
#include<stdio.h>
#include<stdlib.h>
struct student *create(int n)
{
    struct student *head=NULL,*p1,*p2;
    int i;
    for(i=1;i<=n||p1->num!=0;i++)
    {
        p1=(struct student *)malloc(sizeof(struct student));
        printf("请输入第%d个学生的学号、姓名及考试成绩:\n",i);
        scanf("%d%s%f",&p1->num,p1->name,&p1->score);
        p1->next=NULL;
        if(i==1)
            head=p1;
        else
            p2->next=p1;
        p2=p1;
    }
    return(head);
}
```

函数中创建了 n 个结点的动态链表,其算法为:开辟 N 个结点,每开辟一个结点都让 p1 指向新结点,p2 指向当前表尾结点,把 p1 所指向的结点连接到 p2 所指向结点的后面。

详细步骤如下。

(1) 开辟新结点,并令指针 head、p1 与 p2 都指向该结点。

(2) 再开辟一个新结点,令指针 p1 指向该结点;然后,令前一个结点指针域的指针指向该结点;最后,令指针 p2 后移一个位置,以指向新开辟结点。

(3) 开辟第三个结点,令指针 p1 指向该结点;然后,令前一个结点指针域的指针指向该结点。

(4) 重复过程(2)、(3),直到满足循环结束条件 i==n 或 p1->num==0,即输入完 n 个结点数据或输入的学号为 0 时结束链表创建。

create 函数为链表创建函数,类型为指针类型,表示该函数返回一个指向结构体类型 struct student 的指针 head,函数被调用后将返回一个链表的起始地址。

函数中使用 malloc 函数开辟一个长度为 sizeof(struct student)的内存空间,即结构体 struct student 本身长度的空间。在 malloc 函数前加上(struct student *)作用是将 malloc 函数返回的指针基类型强制转换为指向结构体类型 struct student 数据的指针类型,"*"号不可省略。

函数最后用 return 语句返回 head 指针变量值,即链表中第一个结点的起始地址。

动态链表的输出基本方法为:先让指针变量 p 指向第一个结点,依次输出该结点各成员的值;然后将 p 指针后移一个结点,再输出下一个结点值;直到到达表尾结点,结束输出。

输出过程具体描述为以下几步:

(1) 找到表头;

(2) 若是非空表,输出节点的值成员,是空表则退出;

(3) 跟踪链表的增长,即找到下一个节点的地址;

(4) 重复执行步骤(2)。

下面程序段编写函数说明动态链表的输出过程。

```
#include<stdio.h>
#include<stdlib.h>
void print(struct student *head)
{
    struct student *p = head;
    while(p! = NULL)
    {
        printf("学号:%d  姓名:%s 成绩:%f\n",p->num,p1->name,p->score);
        p = p->next;
    }
}
```

print 函数为输出链表函数,形参为指向结构体类型的指针变量 head,它从实参接收到链表第一个结点的起始地址,将地址赋予指针变量 p,再用循环逐个输出各结点数据,直到最后一个结点,即 p－>next= =NULL 时结束输出。

7.4.4 动态链表的综合操作

以上程序段仅仅是独立的函数,可以单独编译,但不能单独运行。可以在函数前加上结构体类型声明,并建立主函数对链表创建和链表输出两函数进行调用,形成一个对链表综合操作的程序。

例 7.8　编写程序,完成链表的创建和输出操作,最终释放链表存储空间。

```
#include<stdio.h>
#include<stdlib.h>
struct student                                  //定义结构体
{
    int num;
    char name[20];
    float score;
    struct student *next;
};
struct student *create(int n)                   //创建链表
{
```

```
    struct student * head = NULL, * p1, * p2;
    int i;
    for(i = 1;i< = n;i + + )
    {
        p1 = (struct student * )malloc(sizeof(struct student));
        printf("请输入第 %d 个学生的学号、姓名及考试成绩:\n",i);
        scanf(" %d %s %f",&p1 - >num,p1 - >name,&p1 - >score);
        if(p1 - >num = = 0) break;
        p1 - >next = NULL;
        if(i =  = 1)
            head = p1;
        else
            p2 - >next = p1;
        p2 = p1;
    }
    return(head);
}
void print(struct student * head)        //输出链表各结点的值,也称对链表的遍历
{
    struct student * p = head;
    while(p! = NULL)
    {
        printf("学号:%d  姓名:%s 成绩:%f\n",p - >num,p - >name,p - >score);
        p = p - >next;
    }
}
void free_list(struct student * head)              //释放链表空间
{
    struct student * p = head ;
    printf("释放链表:\n");
    while(p! = NULL)
    {
        head = head - >next;
        free(p);
        p = head;
    }
    printf("释放链表成功! \n");
}
void main()
```

```
{
    int m;
    printf("请输入建立链表的结点数:");
    scanf("%d",&m);
    struct student *head;
    head=create(m);
    print(head);
    free_list(head);
}
```

程序运行结果:

```
请输入建立链表的结点数:
5↙
请输入第 1 个学生的学号,姓名及考试成绩:
1001 zhangsan 89.0↙
请输入第 2 个学生的学号,姓名及考试成绩:
1002 lisi 99.0↙
请输入第 3 个学生的学号,姓名及考试成绩:
1003 wangwu 100.0↙
请输入第 4 个学生的学号,姓名及考试成绩:
0 0 0↙
学号:1001 姓名:zhangsan 成绩:89.0
学号:1002 姓名:lisi 成绩:99.0
学号:1003 姓名:wangwu 成绩:100.0
释放链表:
释放链表成功!
```

程序在主函数中调用了两个链表操作函数用于创建和输出链表,在调用之前可以先预设一个链表长度 m,例如本链表是用于存放一个班的学生信息,则可将 m 值输入为 40,创建函数中可以最多输入 40 个,也可以在输入的过程中自行中断(将 num 成员值输入为 0)。

对链表的基本操作除了以上介绍的创建和输出链表外,还有链表结点的删除、插入及查找等操作,读者可根据前面的介绍自行思考如何完成。

链表除了本节介绍的单向静态和动态链表外,还有环形链表和双向链表,它们的结构都由单向链表结构衍生而来。

7.5　共用体类型

实际使用中,有时为了节约内存空间,需要将不同类型的数据放在同一段内存单元内。因为不同类型数据不能定义成一个变量,结构体虽然可以将不同类型构成一个整体,但并不能节省空间。C 语言允许使用一种名为"共用体"的自定义类型来解决上述问题。

7.5.1 共用体概述

C语言中,不同的成员使用共同的内存单元的数据构造类型称为共用体,简称共用,又称联合体。共用体占用空间的大小取决于类型长度最大的成员。共用体在定义、说明和使用形式上与结构体相似,两者本质上的不同仅在于使用内存的方式上。

共用体与结构体类似,都属于构造数据类型,都由若干类型互不相同的成员组成。但不同的是,结构体变量的各个成员拥有自己独立的存储单元,而共用体变量的各个成员"共用"一段内存,该内存段允许各成员在不同的时间分别起作用。

如图7.4所示,利用共用体可以把字符型变量c、短整型变量i及浮点型变量j当作成员放在同一个地址开始的内存单元中。尽管三者在内存中占用的字节数不同,但都可以通过共用体变量来访问。相比结构体类型,这样可以更有效地利用内存(图中每一格代表一个字节)。

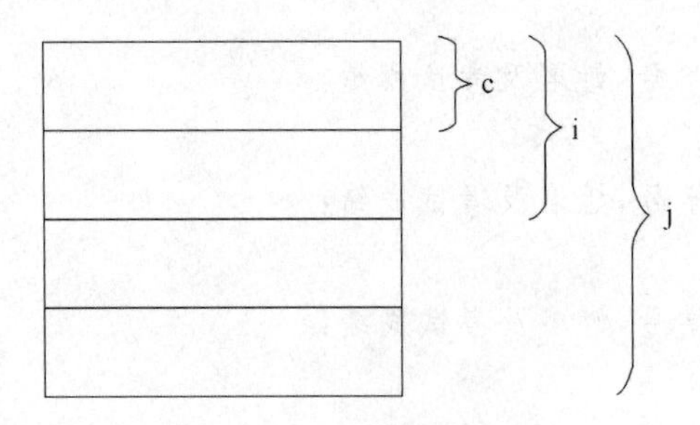

图7.4　共用体存储结构图

从图中可以看出,共用体各成员变量的存储空间是相互覆盖的,一个成员变量值的改变会影响其他成员变量。共用体变量所占的存储空间不是三个成员变量所占空间的和,而是三者的最大值(浮点型变量j)。

共用体类型的定义与结构体类型的定义类似,一般形式为:

```
union 共用体类型名
{
    数据类型1  成员名1;
    数据类型2  成员名2;
         ⋮
    数据类型N  成员名N;
};
```

共用体作为一种独特的数据类型,有其自身的特点。

(1) 同一个内存段可以用来存放几种不同类型的成员,但是在每一瞬间只能存放其中的一种,而不是同时存放几种。换句话说,每一瞬间只有一个成员起作用,其他的成员不起作用,即不是同时都在存在和起作用。

(2) 共用体变量中起作用的成员是最后一次存放的成员值,即共用体变量所有成员共用同一段内存单元,后来存放的值将原先存放的值覆盖,故只能使用最后一次给定的成员值。

(3) 共用体变量的地址和它的各成员的地址都是同一地址。

(4) 不能对共用体变量名赋值,也不能企图引用变量名来得到某成员的值,在定义共用体变量时可以对它进行初始化,但只能对其中的某一个成员初始化赋值。

(5) 不能把共用体变量作为函数参数,也不能将共用体变量作为函数返回值,但可以使用指向共用体变量的指针。

(6) 共用体类型可以出现在结构体类型的定义中,也可以定义共用体数组。反之,结构体也可以出现在共用体类型的定义中,数组也可以作为共用体的成员。

7.5.2　共用体变量的引用

要引用共用体变量须先进行共用体变量定义。不能引用共用体变量,而只能引用共用变量中的成员。

共用体类型变量的定义与结构体类型变量的定义类似,主要分为两种形式:

```
union 共用体类型名
{
  成员表列
}变量表列;

union 共用体类型名
{
  成员表列
};
union 共用体类型名 变量表列
```

例如:

```
union data
{
   char c;
   short i;
   float j;
};
union data a,b,c;
```

共用体变量与结构体变量的定义形式相似。但它们的含义是不同的。

结构体变量所占内存长度是各成员占的内存长度之和。每个成员分别占有其自己的内存单元。

共用体变量所占的内存长度等于最长的成员的长度。例如,上面定义的“共用体”变量 a、b、c 各占 4 个字节(因为一个实型变量占 4 个字节),则不是各占 2+1+4=7 个字节。

与结构体变量类似,对共用体变量的引用也是通过对其成员的引用来实现的。

引用共用体变量成员的一般格式为:

共用体变量名.共用体成员

例如,前面定义的 a、b、c 为共用体变量,则引用方式为:b.c、b.i 和 b.j。

不能直接引用共用体变量,以下引用错误:

```
printf("%d",b);
```

a 为共用体变量,其存储空间可以存放不同类型数据。以上引用时,系统不知道应该输出 a 变量中哪个成员的值。

当定义了共用体类型指针变量并将其指向共用体变量时,则引用共用体变量的格式:

共用体指针变量名->成员名

例如:

```
union data a, *p;
p = &a;
printf("%c, %d, %f",p->c,p->i,p->j);
```

例 7.9 编写程序将共用体和结构体进行对比。

```
#include<stdio.h>
union data
{
    char c;
    short i;
    float j;
};
struct data2
{
    char c;
    short i;
    float j;
};
void main ()
{
    union data  a;
    struct data2  b;
    a.c = 'A';a.i = 10; a.j = 20;
    b.c = 'A';b.i = 10; b.j = 20;
    printf("size of a: %d, size of b: %d\n",sizeof(a), sizeof(b));
    printf("a.i: %d, a.ch: %c, a.j: %f\n",a.c,a.i,a.j);
    printf("b.i: %d, b.ch: %c, b.j: %f\n",b.c,b.i,b.j);
}
```

程序运行结果:

```
size of a:4,size of b:7
a.c: ,a.i:0,a.j:20.000000
b.c:A,b.i:10,b.j:20.000000
```

从运行结果可看出,对共用体变量成员的赋值,保存的是最后的赋值,前面对其他成员的赋值均被覆盖;由于结构体变量的每个成员拥有不同的存储单元,因而不会出现这种情况。

7.5.3　共用体综合应用

例 7.10　某门课程,部分学生选修,部分学生必修。对选修学生按等级制打分,分 A、B、C、D、E 五级,对必修课学生按百分制打分。然后对所得结果进行输入和输出。

```
#include<stdio.h>
#define N 3
struct student
{
    int num;
    char name[20];
    char optional;
    union
    {
        float mark;
        char grade;
    }score;
};
void main()
{
    struct student stu[N];
    int i;
    printf("请输入%d个学生的信息:\n",N);
    printf("学号 姓名 是否选修 成绩\n");
    for(i=0;i<N;i++)
    {
        scanf("%d%s%c",&stu[i].num,stu[i].name,&stu[i].optional);
        if(stu[i].optional=='T')
            scanf("%c",&stu[i].score.grade);
        else
            scanf("%f",&stu[i].score.mark);
    }
    for(i=0;i<N;i++)
    {
        printf("%d号%s",stu[i].num,stu[i].name);
    if(stu[i].optional=='T')
        printf("选修,成绩%c\n",stu[i].score.grade);
    else
        printf("必修,成绩%5.1f\n",stu[i].score.mark);
    }
}
```

程序运行结果：

```
请输入3个学生的信息：
学号 姓名 是否选修 成绩：
1001 zhangsan T A↙
1002 lisi T B↙
1003 wangwu F 88↙
1001号 zhangsan 选修,成绩 A
1002号 lisi 选修,成绩 B
1003号 wangwu 必修,成绩 88.0
```

程序中定义了结构体类型数组 stu，在结构体类型 struct student 的声明中包括共用体类型 score 成员，共用体 score 成员中又包含两个成员：浮点型成员 mark 和字符型成员 grede。

当程序运行输入数据时，所有学生的前三项数据（学号、姓名、是否选修）类型是相同的。但是最后一项的成绩必须根据所输入的是否为选修来作不同处理。程序根据输入数据的第三项是否为“T”分别处理，如第三项为“T”则将第四项输入的数据用格式符“%c”送到共用体成员 score. grade 中，否则用“%f” 送到共用体成员 score. mark 中。输出时按相同方法处理。

从例 7.10 可以看出，共用体的使用可以使程序更加灵活，能处理更多单纯结构体不能解决的问题。

7.6 枚举类型数据

实际应用中存在某些变量，它们的取值被限定在一个有限的范围内。例如，表示性别的变量只有“男”或“女”两种取值，表示月份的变量只有 12 个不同的取值，如此等等。把这些量定义为字符型、整型或其他类型都不是很合理，为此，C 语言中引入了一种新的基本数据类型——枚举类型。

7.6.1 枚举类型概述

所谓“枚举”就是把可能的值一一列举出来，变量的值只限于列举出来的值范围内。

枚举类型定义的一般格式为：

```
enum 枚举类型名
{
   枚举常量列表
}枚举变量名列表;
```

例如：

```
enum workday {mon,tue,wed,thr,fri}d1,d2;或
enum workday {mon,tue,wed,thr,fri};
enum workday d1,d2;
```

枚举常量列表中列举了该枚举类型的变量所有可能的取值。

注意：定义枚举时，各枚举常量之间用逗号分隔，且最后一个枚举值常量后无分号。枚举变量的取值必须来自枚举常量列表，不能将列表以外的值赋予枚举变量。枚举常量实际上是

一个标识符,其值是一个整型常数,默认情况下,各枚举常量按定义时的顺序,从 0 开始取值,依次增 1。

枚举变量的赋值的赋值分以下两种情况:

(1) 使用枚举常量为枚举变量赋值,如 enum workday d=mon;

(2) 把一个整数进行强制类型转换后再赋值给枚举变量,如 enum workday d=(enum workday)0。

枚举常量是一个标识符,可在定义枚举类型时为其赋值,但不能在程序中为其赋值。如对于定义 enum{ mon,tue,wed,thr,fri }d,赋值语句 mon=1 是非法的。

枚举常量既非字符常量,也非字符串常量,使用时不可加单引号或双引号。

枚举变量的输出通常使用 switch 语句或 if 语句输出枚举变量的值。例如:

```
enum workday
{mon,tue,wed,thr,fri };
enum workday d = mon;
switch(d)
{
    case mon:printf(" % - 6s","mon");break;
    case tue:printf(" % - 6s","tue");break;
    case wed:printf(" % - 6s","wed");break;
    case thr:printf(" % - 6s","thr");break;
    case fri:printf(" % - 6s","fri");break;
    default:printf(" % - 6s","error!);"break;
}
```

注意:枚举常量不是字符串常量,不能用"%s"的格式输出,以下操作是错误的。

```
enum{ mon,tue,wed,thr,fri }d = mon;
printf(" % s",d);
```

7.6.2　枚举类型应用举例

枚举类型数据相互之间以及枚举类型数据与整型数据之间可以进行比较运算或算术运算。对于枚举类型数据来说,参与运算的实际是枚举常量的值,且运算结果为整型数据。因此,将运算结果赋值给一个枚举变量前要进行强制类型转换。

例 7.11　放假期间,每周的周一到周五由 zhangsan、lisi、wangwu 轮流值班,每人值一天,输入整数 n,求第 n 天是周几,何人值班?假设假期第一天是周二,且由 zhangsan 值班。

```
#include<stdio.h>
void main()
{
    enum weekday{mon,tue,wed,thu,fri,sat,sun}d = tue;
    enum worker{zhangsan,lisi,wangwu}onduty = zhangsan;
    int i,n;
    printf("请输入时星期几:\n");
```

```
    scanf("%d",&n);
    for(i=2;i<=n;i++)
    {
        if(d!=sun)                              //前一天为周日
            d=(enum weekday)(d+1);
        else                                    //前一天非周日
            d=mon;
        if(d<sat)                               //今天非周末
        {
            if(onduty!=wangwu)
                onduty=(enum worker)(onduty+1);
            else
                onduty=zhangsan;
        }
    }
    switch(d)                                   //输出今天是周几
    {
    case mon:printf("%-6s\n","mon");break;
    case tue:printf("%-6s\n","tue");break;
    case wed:printf("%-6s\n","wed");break;
    case thu:printf("%-6s\n","thu");break;
    case fri:printf("%-6s\n","fri");break;
    case sat:printf("%-6s\n","sat");break;
    case sun:printf("%-6s\n","sun");break;
    default:break;
    }
    if(d<sat)                                   // 若今天非周末，则输出值班人姓名
    {
        switch(onduty)                          // 输出值班人姓名
        {
        case zhangsan:printf("值班的是:%s\n","zhangsan");break;
        case lisi:printf("值班的是:%s\n","lisi");break;
        case wangwu:printf("值班的是:%s\n","wangwu");break;
        default:break;
        }
    }
    else                                        //今天是周末，无人值班
        printf("weekend! \n");
}
```

程序运行结果：

```
请输入时星期几：
4↙
fri
值班的是:zhangsan
```

7.7 用 typedef 声明自定义类型数据

C语言中允许用 typedef 来定义新的类型来替代已有的类型，其一般形式是：

typedef 已定义类型 新类型

例如：

```
typedef int INTEGER;
typedef float REAL;
```

用 typedef 声明数组、指针、结构等类型将带来很大的方便，不仅使程序书写简单而且使意义更为明确，因而增强了可读性。

例如：

typedef char NAME[20]；表示 NAME 是字符数组类型，数组长度为 20。然后可用 NAME 定义数组，如：

```
NAME a1,a2,s1,s2;
```

完全等效于：

```
char a1[20],a2[20],s1[20],s2[20];
```

又如：

```
typedef struct stu
{
  char name[20];
  int age;
  char sex;
}STU;
```

声明 STU 为 stu 的结构体类型，然后可用 STU 来定义结构体变量：

```
STU body1,body2;
```

typedef 的作用范围取决于该语句所在的位置，如果它在一个函数的内部，那么，其作用域是局部的，受限于某个函数，如果它在函数之外，那么其作用域是全局的。

有时也可用宏定义来代替 typedef 的功能，但是宏定义是由预处理完成的，而 typedef 则是在编译时完成的，后者更为灵活方便。

本章小结

结构体类型是一种复杂而灵活的构造数据类型，它可以将多个相互关联但类型不同的数据项作为一个整体进行处理。在定义结构体变量时，每一个成员都要分配空间存放各自的数据。共用体是另一种构造数据类型，但在定义共用体变量时，只按占用空间最大的成员来分配空间，在同一时刻只能存放一个数据成员的值。本章重点有以下几个方面。

1. 结构体和共用体变量的定义都有三种形式，可以将类型的说明和变量的定义分开、结合或不给出类型名只定义变量。

2. 结构体变量的初始化与赋值。结构体变量的初始化与数组相似，通过初值列表实现对变量中的成员初始化；赋值与数组也相似，只能逐个成员赋值。

3. 结构体变量中的成员作为一个整体处理，成员的访问通过运算符"."和"－＞"实现，其方式为：

结构体变量.成员名

结构体指针变量－＞成员名

4. 共用体成员的访问方式与结构体相同，但只能对第一个成员初始化。当为一个成员赋值时，其他成员的值就会被覆盖掉。

5. 链表是一种动态地进行存储分配的数据结构，它的优点是不需要事先确定最大长度，在插入或者删除元素时也不会引起数据的大量移动；缺点是只能顺序访问链表中的元素。根据结点的开辟方式，可将链表分为静态链表和动态链表两种。

通过本章的学习，要理解和掌握这两种数据类型的作用及其用法。要理解链表的概念，更重要的是能熟练使用结构体与指针对链表进行处理。

习题七

一、选择题

1. 定义以下结构体类型

```
struct s
{
    int a;char b;float f;
};
```

则语句 printf("%d",sizeof(struct s))的输出结果为(　　)。

(A) 3　　(B) 7　　(C) 6　　(D) 4

2. 当定义一个结构体变量时，系统为它分配的内存空间是(　　)。

(A) 结构中一个成员所需的内存容量

(B) 结构中第一个成员所需的内存容量

(C) 结构体中占内存容量最大者所需的容量

(D) 结构中各成员所需内存容量之和

3. 定义以下结构体类型

```
struct s
{
    int x; float f;
}a[3];
```

语句 printf("%d",sizeof(a))的输出结果为(　　)。

(A) 4　　(B) 12　　(C) 18　　(D) 6

4. 定义以下结构体数组

```
    struct c
    {
int x; int y;
      }s[2] = {1,3,2,7};
```

语句 printf("%d",s[0].x * s[1].x)的输出结果为(　　)。

(A) 14　　(B) 6　　(C) 2　　(D) 21

5. 运行下列程序段,输出结果是(　　)。

```
struct country
 { int num;
   char name[10];
  }x[5] = {1,"China",2,"USA",3,"France",4, "England",5, "Spanish"};
struct country * p;
p = x + 2;
printf(" %d, %c",p->num,( * p).name[2]);
```

(A) 3,a　　(B) 4,g　　(C) 2,U　　(D) 5,S

6. 下面程序的运行结果是(　　)。

```
struct  KeyWord
{
 char Key[20]; int ID; }
kw[ ] = {"void",1,"char",2,"int",3,"float",4,"double",5};
main()
{
 printf(" %c, %d\n",kw[3].Key[0], kw[3].ID);
}
```

(A) i,3　　(B) n,3　　(C) f,4　　(D) l,4

7. 定义以下结构体类型

```
struct  student
 {
    char  name[10];
    int  score[50];
    float  average;
}stud1;
```

则 stud1 占用内存的字节数是(　　)。

(A) 64　　(B) 114　　(C) 228　　(D) 7

8. 如果有下面的定义和赋值,则使用(　　)不可以输出 n 中 data 的值。

```
struct  SNode
```

```
  {
      unsigned id;
      int data;
  }n, *p;
p = &n;
```

(A) p. data　　(B) n. data　　(C) p->data　　(D) (*p). data

9. 根据下面的定义,能输出 Mary 的语句是(　　)。

```
struct person
{
 char name[9];
 int age;
};
struct person class[5] = {"John",17,"Paul",19,"Mary",18,"Adam",16};
```

(A) printf("%s\n",class[1]. name);

(B) printf("%s\n",class[2]. name);

(C) printf("%s\n",class[3]. name);

(D) printf("%s\n",class[0]. name);

10. 定义以下结构体数组

```
struct date
 {
   int year;
   int month;
   int day;
 };
struct s
 {
   struct date birthday;
   char name[20];
 } x[4] = {{2008, 10, 1, "guangzhou"}, {2009, 12, 25, "Tianjin"}};
```

语句 printf("%s,%d,%d,%d",x[0]. name,x[1]. birthday. year); 的输出结果为 (　　)。

(A) guangzhou,2009　　(B) guangzhou,2008

(C) Tianjin,2008　　(D) Tianjin,2009

11. 若有定义 enum weekday{mon, tue, wed,thu, fri} workday;,则下列不正确的语句是(　　)。

(A) workday=(enum weekday)3;

(B) workday=(enum weekday) (4-2);

(C) workday=3;

(D) workday=thu;

12. 下面程序,输出结果为(　　)。

```
main()
 {
   union tt{long  k;  int i[6];  char  c[4]; } r;
   printf("%d, %d\n", sizeof(r), sizeof(union tt));
 }
```

(A) 4,4　　　　(B) 6,6　　　　(C) 12, 12　　　　(D) 无答案

二、编程题

1. 在学生数据中,找出各门课平均分在 85 以上的同学,并输出这些同学的信息。

2. 假设 N 个同学已按学号大小顺序排成一圈,现要从中选一人参加比赛。规则是:从第一个人开始报数,报到 M 的同学就退出圈子,再从他的下一个同学重新开始从 1 到 M 报数,如此进行下去,最后留下一个同学去参加比赛,问这位同学是几号。

3. 设学生信息包括学号和姓名,按姓名字典序输出学生信息。

4. 定义一个结构体变量(包括年、月、日),输入一个日期,计算该日在本年中是第几天。要求:考虑闰年问题;输入的信息为数字以外时要提示错误信息;输入的信息超过相应位数时,只取前面相应位数的信息;输入的年月日不正确的时候需要提示错误信息。

5. 编写一个函数,统计链表中结点个数(编写子函数即可)。

第8章 文　件

前几章介绍的程序都是通过变量将数据保存在内存中，当程序运行结束后，变量的值将不再存在，这样每次运行程序是都有将数据重新输入。这对一些数据输入量大且数据需要反复使用的应用程序而言，这种方式就存在很大的问题。解决这个问题的方法就是使用文件，将已输入的数据从内存保存到磁盘文件中，以后要用时再从磁盘中将文件的数据读入到内存中，这样就可以达到重复使用的目的。

8.1 文件的基本知识

在前面的介绍中我们使用的输入/输出函数都是对应于标准输入/输出设备而言的。实际上，在程序运行时，常常需要将数据输出到磁盘上作长久的保存，以后需要时再从磁盘中读取数据。这就要用到磁盘文件。一般的，磁盘文件可分为数据文件和程序文件两种，这里所介绍的文件操作主要是针对磁盘数据文件的使用和操作。

8.1.1 文件概述

1. 文件的概念

文件是程序设计中一个重要的概念。所谓文件，是指存储在外存储器上的数据集合。数据是以文件的形式存放在外存储器上；计算机操作系统是以文件为单位对数据进行管理。文件名包括文件路径、主文件名和扩展名。

2. 文件的分类

文件可以从不同的角度进行分类。

(1) 根据文件的内容来分：可分为源程序文件、目标文件、可执行文件和数据文件等。

(2) 根据文件的组织形式来分：可分为顺序存取文件和随机存取文件。

(3) 根据文件的存储形式来分：可分为 ASCII 码文件（又称文本文件）和二进制文件。

ASCII 码文件是每一个字节存储一个 ASCII 码（代表一个字符）；二进制文件是把内存中的数据，原样输出到磁盘文件中。

8.1.2 C 文件结构及其指针

1. 文件的结构

C 语言中文件是流式文件。它把数据看作是一连串的字符，不考虑回车换行符的控制，对文件的存取是以字符为单位的。根据数据组织形式的不同，C 语言的文件分为 ASCII 码文件（又称文本文件）和二进制文件两种。

ASCII 码文件中的每个字节存放的是一个字符的 ASCII 代码。这样的文件便于对字符进行输入和输出的处理，但占用存储空间较大。例如，有一个整数 65535，在内存中占 2 个字节（11111111 11111111）；如果按 ASCII 码形式输出则需要 5 个字节（00110110 00110101 00110101 00110011 00110101）。

二进制文件是把内存中的数据按照其在内存中的存储形式原样输出到磁盘上存放。这种形式的文件节省外存空间，但不能直接输出字符形式。例如，前面提到的整数 65535，如果按二进制形式输出只占 2 个字节（11111111 11111111）。

2. 文件类型指针

C 语言程序可以同时处理多个文件，为了对每一个文件进行有效的管理，在打开一个文件时，系统会自动地在内存中开辟一个空间，用来存放文件的有关信息（如文件名、文件状态、读写指针等）。这些信息保存在一个结构体变量中，该结构体是由系统定义的，取名为 FILE。FILE 定义在头文件 stdio.h 中 。

每一个要进行操作的文件，都需要定义一个指向 FILE 类型结构体的指针变量，该指针称为文件类型指针。

定义文件指针的一般形式为：

```
FILE *指针变量标识符
```

其中，FILE 必须大写，它实际上是在 stdio.h 头文件中定义的一个结构，该结构中含有文件名、文件状态和文件当前位置等信息。在编写源程序时不必关心 FILE 结构的细节。例如：FILE *fp;表示 fp 是指向 FILE 结构的指针变量，通过 fp 即可找存放某个文件信息的结构变量，然后按结构变量提供的信息找到该文件，实施对文件的操作。习惯上也笼统地把 fp 称为指向一个文件的指针。文件的打开与关闭文件在进行读写操作之前要先打开，使用完毕要关闭。所谓打开文件，实际上是建立文件的各种有关信息，并使文件指针指向该文件，以便进行其他操作。关闭文件则断开指针与文件之间的联系，也就禁止再对该文件进行操作。

8.1.3　文件系统的缓冲性

在 ANSI C 标准出现之前，C 语言对文件的处理方法有两种：一种为缓冲文件系统；另一种为非缓冲文件系统。缓冲文件系统用来处理 ASCII 码文件，非缓冲文件系统用来处理二进制文件。1983 年美国国家标准化协会制定的 ANSI C 标准规定不再采用非缓冲文件系统，只采用缓冲文件系统，并将其扩充为可以处理二进制文件。

1. 缓冲文件系统

缓冲文件系统是指系统自动地在内存区为每一个正在使用的文件开辟一个缓冲区。当需要将数据从内存输出到磁盘时，必须先将其送到内存缓冲区中，缓冲区装满后再向磁盘输出。如果需要将数据从磁盘读入内存，则先将磁盘文件中的一批数据送到缓冲区，然后再从缓冲区将数据输入程序数据区。使用缓冲文件系统减少了读写磁盘的次数，提高了工作效率。

2. 非缓冲文件系统

非缓冲文件系统是指系统不自动开辟确定大小的缓冲区，而是由程序根据需要为每个文件设定缓冲区。

8.2 文件的打开与关闭

与其他高级语言一样，对文件进行操作之前，必须先打开文件；使用结束后，为避免数据丢失，应立即关闭该文件。

所谓打开文件，是指一个文件指针变量指向被打开文件的结构变量，以便通过指针变量访问打开文件。所谓关闭文件，是指把(输出)缓冲区的数据输出到磁盘文件中，同时释放文件指针变量(即使文件指针变量不再指向该文件)。此后，不能再通过该指针变量来访问该文件，除非重新打开。

C 语言规定了标准输入/输出函数库：用 fopen()函数打开一个文件，用 fclose()函数关闭一个文件。

8.2.1 文件的打开函数 fopen()

1. 打开文件的格式

```
fopen("文件名","操作方式");
```

其中，"文件名"是指要打开(或创建)的文件名。如果使用字符数组(或字符指针)，则不使用双引号。"操作方式"及各字符的含义见表 8-1。

例如：

```
FILE *fp;
fp = fopen("file1", "r");
```

表示以"只读"方式打开数据文件"file1"，并将其指针赋给指针变量 fp。

对于文件使用方式有以下几点说明。

(1) 文件使用方式由 r,w,a,t,b,＋六个字符拼成。

表 8-1 文件使用方式列表

字符	含义
r(read)：	读
w(write)：	写
a(append)：	追加
t(text)：	文本文件，可省略不写
b(banary)：	二进制文件
＋：	读和写

使用文件的方式共有 12 种，表 8-2 给出了它们的符号和含义。

表 8-2　文件使用方式及含义

文件使用方式	文本类型	含　义
"r"(只读)		为输入打开一个文本文件
"w"(只写)	文本文件	为输出或建立打开一个文本文件
"a"(追加)		向文本文件末尾追加数据
"rb"(只读)		为输入打开一个二进制文件
"wb"(只写)	二进制文件 (用 b 表示)	只写打开或建立一个二进制文件,只允许写数据
"ab"(追加)		追加打开一个二进制文件,并在文件末尾写数据
"r+"(读写)		为输出打开或建立一个二进制文件
"w+"(读写)	文本文件	向二进制文件末尾追加数据
"a+"(读写)		为读/写打开一个文本文件
"rb+"(读写)		为读/写建立一个新文本文件
"wb+"(读写)	二进制文件 (用 b 表示)	为读/写打开或建立一个文本文件
"ab+"(读写)		为读/写打开一个二进制文件

(2) 凡用“r”打开一个文件时,该文件必须已经存在,且只能从该文件读出。

(3) 用“w”打开的文件只能向该文件写入。若打开的文件不存在,则以指定的文件名建立该文件,若打开的文件已经存在,则将该文件删去,重建一个新文件。

(4) 若要向一个已存在的文件追加新的信息,只能用“a”方式打开文件。但此时该文件必须是存在的,否则将会出错。

(5) 在打开一个文件时,如果出错,fopen 将返回一个空指针值 NULL。在程序中可以用这一信息来判别是否完成打开文件的工作,并作相应的处理。

2. fopen()函数的功能是返回一个指向指定文件的指针

(1) 如果不能实现打开指定文件的操作,则 fopen()函数返回一个空指针 NULL(其值在头文件 stdio.h 中被定为 0)。常用下面的方法打开一个文件:

```
if((p = fopen("文件名","操作方式")) = = NULL)
{
  printf("can not open this file\n");
  exit(0);              /*关闭打开的所有文件,程序结束运行,返回操作系统*/
}
```

其中,exit()是一个函数,使用格式为 void exit([程序状态值]);作用是关闭已打开的所有文件,结束程序运行并返回操作系统,同时将“程序状态值”返回给操作系统。当“程序状态值”为 0 时,表示程序正常退出;非 0 值时,表示程序是出错后退出。

(2) “r(b)+”与“a(b)+”的区别:使用前者打开文件时,读/写指针指向文件头;使用后者时,读/写指针指向文件尾。

(3) 使用文本文件向计算机系统输入数据时,系统自动将回车换行符转换成一个换行符;在输出时,将换行符转换成回车和换行两个字符。使用二进制文件时,内存中的数据形式与数据文件中的形式完全一样,因而不再进行转换。

(4) 有些 C 编译系统,可能并不完全提供上述对文件的操作方式,或采用的表示符号不同。例如,有的系统只能用“r”、“w”和“a”方式;有的系统不用“r+”、“w+”和“a+”,而用“rw”、“wr”和“a”表示。请注意所使用系统的规定。

(5)在程序开始运行时,系统自动打开三个标准文件,并分别定义了文件指针:

① 标准输入文件——stdin:指向终端输入(一般为键盘)。如果程序中指定要从 stdin 所指的文件输入数据,就是从终端键盘上输入数据。

② 标准输出文件——stdout:指向终端输出(一般为显示器)。

③ 标准错误文件——stderr:指向终端标准错误输出(一般为显示器)。

8.2.2 文件的关闭函数 fclose()

在使用完一个文件后应该立即关闭它,这是一个程序设计者应养成的良好习惯。没有关闭的文件不仅占用系统资源,还可能造成文件被破坏。

关闭文件的函数是 fclose(),其使用方法为:

fclose(文件指针变量);

fclose 用来关闭文件指针变量所指向的文件。该函数如果调用成功,返回数值 0,否则返回一个非零值。如:fclose(fp);关闭文件后,文件类型指针变量将不再指向和它所关联的文件,此后不能再通过该指针对原来与其关联的文件进行读写操作,除非再次打开该文件,使该指针变量重新指向该文件。

fclose 函数也带回一个值,当顺利地执行了关闭操作,则返回值为 0;否则返回 EOF(−1)。

8.3 文件的读写操作

文件打开之后,就可以对它进行读写了。常用的读写函数主要包含以下几类:读/写字符函数 fgetc 和 fputc;读/写字符串函数 fgets 和 fputs;读/写数据块函数 fread 和 fwtrite;读/写格式化函数 fscanf 和 fprintf。

8.3.1 读/写字符函数 fgetc()和 fputc()

1. 读字符函数 fgetc()

fgetc 函数的功能是从指定的文件中读一个字符,函数调用的形式为:

字符变量 = fgetc(文件指针);

例如:ch=fgetc(fp);。其意义是从打开的文件 fp 中读取一个字符并送入 ch 中。

对于 fgetc 函数的使用有以下几点说明。

(1)在 fgetc 函数调用中,读取的文件必须是以读或读写方式打开的。

(2)读取字符的结果也可以不向字符变量赋值,例如 fgetc(fp);,但是读出的字符不能保存。

(3)在文件内部有一个位置指针。用来指向文件的当前读写字节。在文件打开时,该指针总是指向文件的第一个字节。使用 fgetc 函数后,该位置指针将向后移动一个字节。因此可连续多次使用 fgetc 函数,读取多个字符。应注意文件指针和文件内部的位置指针不是一回事。文件指针是指向整个文件的,须在程序中定义说明,只要不重新赋值,文件指针的值是不变的。文件内部的位置指针用以指示文件内部的当前读写位置,每读写一次,该指针均向后移动,它不需在程序中定义说明,而是由系统自动设置的。

2. 写字符函数 fputc()

fputc 函数的功能是把一个字符写入指定的文件中,函数调用的形式为:

fputc(字符量,文件指针);

其中,待写入的字符量可以是字符常量或变量,例如 fputc('a',fp);,其意义是把字符 a 写入 fp 所指向的文件中。

对于 fputc 函数的使用也要说明几点。

(1) 被写入的文件可以用、写、读写,追加方式打开,用写或读写方式打开一个已存在的文件时将清除原有的文件内容,写入字符从文件首开始。如需保留原有文件内容,希望写入的字符以文件末开始存放,必须以追加方式打开文件。被写入的文件若不存在,则创建该文件。

(2) 每写入一个字符,文件内部位置指针向后移动一个字节。

(3) fputc 函数有一个返回值,如写入成功则返回写入的字符,否则返回一个 EOF。可用此来判断写入是否成功。

8.3.2 读/写字符串函数 fgets()和 fputs()

1. 读字符串函数 fgets()

fgets 函数的功能是从指定的文件中读一个字符串到字符数组中,函数调用的形式为:

fgets(字符数组名,n,文件指针);

其中的 n 是一个正整数。表示从文件中读出的字符串不超过 n-1 个字符。但在读取字符串的最后位置的后面,系统将自动添加一个'\0'字符。如果函数在读取 n-1 个字符之前碰到了换行符'\n'或文件结束符 EOF,则系统会中止读入,并将遇到的换行符也作为有效的读入字符。

例如:fgets(str,n,fp);。它的意义是从 fp 所指的文件中读出 n-1 个字符送入字符数组 str 中。

2. 写字符串函数 fputs()

fput 函数的功能是向指定的文件写入一个字符串,其调用形式为:

fputs(字符串,文件指针);

其中字符串可以是字符串常量,也可以是字符数组名或指针变量。例如:fputs("abcd",fp);。其意义是把字符串"abcd"写入 fp 所指的文件之中。

这两个函数类似前面学过的 gets 和 puts 函数,只是 fgets 和 fputs 函数以指定的文件作为读写对象。

8.3.3 读/写数据块函数 fread()和 fwrite()

用 getc 和 putc 函数可以用来读写文件中的一个字符,但是有很多时候需要我们一次读入一组数据(例如,一个数组元素或一个结构体变量的值),C 语言还提供了用于整块数据的读写函数 fread 和 fwrite。

1. 读取文件中一组数据的函数 fread()

该函数的功能是从指定的文件中读取一个数据块到指定的内存缓冲区中,数据块的大小取决于数据块中数据项的大小(字节数)和数据项的项数。

该函数的调用格式:

```
fread(buffer,size,count,fp);
```

其中,fread是该函数的函数名,该函数有4个参数分别是:buffer是一个指针,在fread函数中,它表示存放输入数据的首地址;size表示数据块中每个数据项的大小,以字节为单位;count表示要读写的数据块块数;fp是一个文件指针,用它指出读取数据块的文件。

例如:fread(ch,2,5,fp);。fp是文件指针变量,ch是存放从文件中读出的数据的地址,"数据块字节数"是2,"数据块数目"是5,其意义是从fp指向的文件中读出10个字符(即5个汉字)的数据。

该函数正常时返回实际读取的数据项数,非正常时返回0。

2. 写入一组数据到文件的函数fwrite()

该函数的功能是将指定的内存缓冲区中的数据块中所有数据项写到所指定的文件中,所写数据块的大小是由数据块中数据项的大小和项数决定的。该函数的调用格式如下:

```
fwrite(buffer,size,count,fp);
```

其中fwrite是该函数的名字,它有4个参数,每个参数的含意与fread函数参数相同。该函数就是将由buffer所指向缓冲区内的count个数据项(每个数据项为size个字节)的数据块写到由如所指向的文件中。

该函数正常返回实际写入文件的数据项数。

8.3.4 读/写格式化函数fscanf()和fprintf()

fscanf函数,fprintf函数与前面使用的scanf和printf函数的功能相似,都是格式化读写函数。两者的区别在于fscanf函数和fprintf函数的读写对象不是键盘和显示器,而是磁盘文件。

1. 格式化输入函数fscanf()

该函数的功能是实现从指定的文件中将一系列指定格式的数据读取出来。

该函数的调用格式:

```
fscanf(文件指针,格式字符串,输入表列);
```

例如:fscanf(fp,"%d%s",&i,s);。

2. 格式化输出函数fprintf()

该函数的功能是实现将一系列格式化的数据写入指定的文件中去。

该函数的调用格式:

```
fprintf(文件指针,格式字符串,输出表列);
```

例如:fprintf(fp,"%d%c",j,ch);。

8.4 文件的定位和随机读写

前面我们对文件的读写操作都是从文件的第一个有效数据(或某个位置)开始的,依照数据在文件存储设备中的先后次序进行读写,在读写过程中,文件位置指针自动移动。但在实际应用中,往往需要对文件中某个特定位置处的数据进行处理,换言之,就是读完一个字节的内容后，并不一定要读写其后续的字节数据，可能会强制性地将文件位置指针移动到用户所希望的特定位置，读取该位置上的数据，这就是随机读写文件。

C语言提供了对文件的随机读写功能。在随机方式下，系统并不按数据在文件中的物理顺序进行读写，而是可以读取文件任何有效位置上的数据，也可以将数据写入到任意有效的位置，强制使位置指针指向其他指定的位置，可以用有关函数。

移动文件内部位置指针的函数主要有两个，即 rewind 函数和 fseek 函数。

rewind 函数调用形式为：

```
rewind(文件指针);
```

其中，文件型指针，指向当前操作的文件。

rewind 函数没有返回值，其作用在于：如果要对文件进行多次读写操作，可以在不关闭文件的情况下，将文件位置指针重新设置到文件开头，从而能够重新读写此文件。如果没有 rewind 函数，每次重新操作文件之前，需要将该文件关闭后再重新打开，这种方式不仅效率低下，而且操作也不方便。使用 rewind 函数便能克服这一缺陷。

fseek 函数的调用形式为：

```
fseek(文件指针,位移量,起始点);
```

其中："文件指针"指向被移动的文件；"位移量"表示移动的字节数，要求位移量是 long 型数据，以便在文件长度大于 64KB 时不会出错，当用常量表示位移量时，要求加后缀"L"；"起始点"表示从何处开始计算位移量，规定的起始点文件首、当前位置和文件尾三种，其表示方法如表 8-3 所示。

表 8-3　fseek 函数参数说明

起始点	表示符号	数字表示
文件首	SEEK_SET	0
当前位置	SEEK_CUR	1
文件末尾	SEEK_END	2

下面给出 fseek()函数调用的两个例子：

(1) fseek(fp,50L,1)，将 fp 指向的文件的位置指针向后移动到离当前位置 50 个字节处；

(2) fseek(fp,－10L,2)，将 fp 指向的文件的位置指针从文件末尾处向前回退 10 个字节。

8.5　文件检测函数

在对文件的访问过程中，经常会因各种原因，产生读写数据的错误。如同人们在做数学题时，要进行错误检查一样，程序中也应该为文件处理加上一些必要的错误检测手段，这样就能够在程序运行期间检测到一些错误，以便进行必要的错误处理，增强程序的健壮性。此外，有时还需要对文件的一些特殊的状态进行检测，以便决定进行相应的处理，从而增强程序的灵活性。

C语言系统专门提供了一些用于检测文件特殊状态与读写错误的函数。下面简单地介绍一下这些函数的功能与用法。

1. 文件结束检测函数 feof()

调用格式为:feof(文件指针);

它的功能是:判断文件位置指针当前是否处于文件结束位置。当处于文件结束位置时,返回1值,否则返回非零值。

2. 读写文件出错检测函数 ferror()

调用格式为:ferror(文件指针);

它的功能是:检查文件在使用输入输出函数(如 putc、getc、fread、fwrite 等)进行读写时,是否有错误发生。如果没有错误产生则返回非零值,否则返回1。

特别要注意的是:对于同一个文件,每次执行对文件的读写语句,然后马上调用函数 ferror 均能得到一个相应的返回值,由该值可以判断出上一次读写数据是否正常。因此在调用一个输入/输出函数后,应当立即对 ferror 的返回值进行检查,否则在下次读写数据时,函数 ferror 的值会丢失。

3. 将文件出错标志和文件结束标志置0的函数 clearerr()

调用格式为:clearerr(文件指针);

它的功能是:用于清除出错标志和文件结束标志,将这些标志置为0。

clearerr 的作用是使文件错误的标志和文件结束标志置为0。假设在调用一个输入/输出函数时出现了错误,ferror 函数会返回一个非零值,此时如果调用 clearerr(fp) 函数,ferror(fp) 的值将会被自动置0。

只要出现错误标志,ferror(fp)函数的状态将会一直保留不变,这种状态会一直保持到对同一文件调用 clearerr 函数,或者使用 rewind 函数,或者调用其他任意输入/输出函数。

8.6 应用举例

例 8.1 用字符串读函数实现对文本文件内容的读取,并将行号和每行的数据显示到屏幕上。文件名采用键盘上输入的方式提供。

```
#include "stdio.h"
void main()
{
   char buffer[256],fname[20];              /*定义数据缓冲区与文件名变量*/
   FILE *fp;
   int lineNum = 1;                         /*定义用于显示行号的变量 lineNum*/
   printf("Please input the file-name:");
   scanf("%s",fname);                       /*输入要读取文件的名称*/
   if((fp = fopen(fname,"r")) = = NULL)     /*文件打开失败*/
     {printf("Can not open the %s file! \n",fname);
      return;
     }                                  /*调用 fgets()函数读取文件数据并显示*/
```

```
    while(fgets(buffer,256,fp)!=NULL)
    {
      printf("%3d:%s", lineNum,buffer);/*显示行号与一行数据*/
        if(lineNum%20==0)                /*显示超过20行时暂停*/
        {
          printf("continue");
          getchar ();
        }
    lineNum++;}                          /*行号变量自增*/
    fclose(fp);
}
```

本章小结

本章的主要介绍了文件的概念,在C语言中文件是流式文件。它把数据看作是一连串的字符,按字节进行处理。C文件按编码方式分为二进制文件和ASCII文件。对文件的操作是通过文件指针来实现的,通过移动文件内部指针可以实现文件的随机读写,文件在读写之前必须打开,读写结束必须关闭。文件可按只读、只写、读写、追加4种操作方式打开,同时还必须指定文件的类型是二进制文件还是文本文件。文件可按字节、字符串、数据块为单位读写,文件也可按指定的格式进行读写。C语言中文件的操作通过调用库函数来实现。常用文件函数有打开与关闭函数(fopen,fclose),读写函数(fputc,fgetc,fputs,fgets,fread,fwrite,fprintf,fscanf)和文件的定位函数(rewind,fseek)。

习题八

一、选择题

1. 若执行fopen函数时发生错误,则函数的返回值是(　　)。

(A) 地址值　　(B) 0　　(C) 1　　(D) EOF

2. fscanf函数的正确调用形式是(　　)。

(A) fscanf(fp,格式字符串,输出表列);

(B) fscanf(格式字符串,输出表列,fp);

(C) fscanf(格式字符串,文件指针,输出表列);

(D) fscanf(文件指针,格式字符串,输入表列);

3. fgetc函数的作用是从指定文件读入一个字符,该文件的打开方式必须是(　　)。

(A) 只写　　(B) 追加

(C) 读或读写　　(D) 答案b和c都正确

4. 利用fseek函数可实现的操作(　　)。

(A) fseek(文件类型指针,起始点,位移量);

(B) fseek(fp,位移量,起始点);

(C) fseek(位移量,起始点,fp);

(D) fseek(起始点,位移量,文件类型指针);

5. 系统的标准数入文件是指(　　)。

(A) 键盘　　(B) 显示器　　(C) 软盘　　(D) 硬盘

6. 在执行 fopen 函数时,ferror 函数的初值是(　　)。

(A) TURE　　(B) −1　　(C) 1　　(D) 0

7. 函数调用语句 fseek(fp,−20L,2);的含义是(　　)。

(A) 将文件位置指针移到距离文件头 20 个字节处。

(B) 将文件位置指针从当前位置向后移动 20 个字节。

(C) 将文件位置指针从文件末尾处后退 20 个字节。

(D) 将文件位置指针移到离当前位置 20 个字节处。

二、填空题

1. 磁盘文件可分为________文件和________文件两种。

2. 文件操作主要是针对磁盘________文件的使用和操作。

3. C 语言的文件分为________________文件和________________文件两种。

4. fopen()函数的功能是________________________________。

5. 读写文件中的一个字符时使用________函数,一次读入一组数据时使用________函数。

三、程序题

1. 从键盘上读入 50 个整数,存入磁盘文件 idata.dat 中。

2. 从上面建立的 idata.dat 中的 50 个整数读到内存中,并显示出来。

3. 编一程序,统计一个字符文件中字符的个数。

4. 利用键盘输入 4 个学生的基本信息,然后将这些信息保存到当前目录下的磁盘文件。

5. 读取上题中的学生信息记录,并将它们显示到输出终端上来。

附录A　ASCII码表

十进制	八进制	十六进制	符号	十进制	八进制	十六进制	符号	十进制	八进制	十六进制	符号
0	0	0	null	43	53	2B	＋	86	126	56	V
1	1	1	SOH	44	54	2C	，	87	127	57	W
2	2	2	STX	45	55	2D	－	88	130	58	X
3	3	3	ETX	46	56	2E	.	89	131	59	Y
4	4	4	EOT	47	57	2F	/	90	132	5A	Z
5	5	5	ENQ	48	60	30	0	91	133	5B	[
6	6	6	ACK	49	61	31	1	92	134	5C	\
7	7	7	BEL	50	62	32	2	93	135	5D	]
8	10	8	BS	51	63	33	3	94	136	5E	ˆ
9	11	9	HT	52	64	34	4	95	137	5F	_
10	12	0A	LF	53	65	35	5	96	140	60	′
11	13	0B	VT	54	66	36	6	97	141	61	a
12	14	0C	FF	55	67	37	7	98	142	62	b
13	15	0D	CR	56	70	38	8	99	143	63	c
14	16	0E	SO	57	71	39	9	100	144	64	d
15	17	0F	SI	58	72	3A	：	101	145	65	e
16	20	10	DLE	59	73	3B	；	102	146	66	f
17	21	11	DC1	60	74	3C	＜	103	147	67	g
18	22	12	DC2	61	75	3D	＝	104	150	68	h
19	23	13	DC3	62	76	3E	＞	105	151	69	i
20	24	14	DC4	63	77	3F	?	106	152	6A	j
21	25	15	NAK	64	100	40	@	107	153	6B	k
22	26	16	SYN	65	101	41	A	108	154	6C	l
23	27	17	ETB	66	102	42	B	109	155	6D	m
24	30	18	CAN	67	103	43	C	110	156	6E	n
25	31	19	EM	68	104	44	D	111	157	6F	o
26	32	1A	SUB	69	105	45	E	112	160	70	p
27	33	1B	ESC	70	106	46	F	113	161	71	q
28	34	1C	FS	71	107	47	G	114	162	72	r
29	35	1D	GS	72	110	48	H	115	163	73	s
30	36	1E	RS	73	111	49	I	116	164	74	t
31	37	1F	US	74	112	4A	J	117	165	75	u
32	40	20	SP	75	113	4B	K	118	166	76	v
33	41	21	!	76	114	4C	L	119	167	77	w
34	42	22	″	77	115	4D	M	120	170	78	x
35	43	23	#	78	116	4E	N	121	171	79	y
36	44	24	$	79	117	4F	O	122	172	7A	z
37	45	25	%	80	120	50	P	123	173	7B	{
38	46	26	&	81	121	51	Q	124	174	7C	|
39	47	27	`	82	122	52	R	125	175	7D	}
40	50	28	(	83	123	53	S	126	176	7E	～
41	51	29	)	84	124	54	T	127	177	7F	del
42	52	2A	*	85	125	55	U				

附录B C语言常用关键字

关键字	用途	说明
auto	存储种类说明	用以说明局部变量，缺省值为此
break	程序语句	退出最内层循环
case	程序语句	switch 语句中的选择项
char	数据类型说明	单字节整型数或字符型数据
const	存储类型说明	在程序执行过程中不可更改的常量值
continue	程序语句	转向下一次循环
default	程序语句	switch 语句中的失败选择项
do	程序语句	构成 do…while 循环结构
double	数据类型说明	双精度浮点数
else	程序语句	构成 if…else 选择结构
enum	数据类型说明	枚举
extern	存储种类说明	在其他程序模块中说明了的全局变量
float	数据类型说明	单精度浮点数
for	程序语句	构成 for 循环结构
goto	程序语句	构成 goto 转移结构
if	程序语句	构成 if…else 选择结构
int	数据类型说明	基本整型数
long	数据类型说明	长整型数
register	存储种类说明	使用 CPU 内部寄存的变量
return	程序语句	函数返回
short	数据类型说明	短整型数
signed	数据类型说明	有符号数，二进制数据的最高位为符号位
sizeof	运算符	计算表达式或数据类型的字节数
static	存储种类说明	静态变量
struct	数据类型说明	结构类型数据
swicth	程序语句	构成 switch 选择结构
typedef	数据类型说明	重新进行数据类型定义
union	数据类型说明	联合类型数据
unsigned	数据类型说明	无符号数数据
void	数据类型说明	无类型数据
volatile	数据类型说明	该变量在程序执行中可被隐含地改变
while	程序语句	构成 while 和 do…while 循环结构

附录C　C语言常用库函数

表 C-1　数学函数

在源文件中使用命令：#include"math.h"

函数名	函数与形参类型	功能	返回值
acos	double acos(x) double x	计算 $\cos^{-1}(x)$ 的值 $-1<=x<=1$	计算结果
asin	double asin(x) double x	计算 $\sin^{-1}(x)$ 的值 $-1<=x<=1$	计算结果
atan	double atan(x) double x	计算 $\tan^{-1}(x)$ 的值	计算结果
atan2	double atan2(x,y) double x,y	计算 $\tan^{-1}(x/y)$ 的值	计算结果
cos	double cos(x) double x	计算 cos(x)的值 x 的单位为弧度	计算结果
cosh	double cosh(x) double x	计算 x 的双曲余弦 cosh(x)的值	计算结果
exp	double exp(x) double x	求 ex 的值	计算结果
fabs	double fabs(x) double x	求 x 的绝对值	计算结果
floor	double floor(x) double x	求出不大于 x 的最大整数	该整数的双精度实数
fmod	double fmod(x,y) double x,y	求整除 x/y 的余数	返回余数的双精度实数
frexp	double frexp(val,eptr) double val int * eptr	把双精度数 val 分解成数字部分(尾数)和以 2 为底的指数，即 $val=x*2^n$，n 存放在 eptr 指向的变量中	数字部分 x $0.5<=x<1$
log	double log(x) double x	求 $\log_e x$ 即 lnx	计算结果
log10	double log10(x) double x	求 $\log_{10} x$	计算结果

续 表

在源文件中使用命令：#include“math. h”			
函数名	函数与形参类型	功能	返回值
modf	double modf(val,iptr) double val int *iptr	把双精度数 val 分解成数字部分和小数部分，把整数部分存放在 ptr 指向的变量中	val 的小数部分
pow	double pow(x,y) double x,y	求 x^y 的值	计算结果
sin	double sin(x) double x	求 sin(x)的值 x 的单位为弧度	计算结果
sinh	double sinh(x) double x	计算 x 的双曲正弦函数 sinh(x)的值	计算结果
sqrt	double sqrt (x) double x	计算$\sqrt{x}$，$x \geqslant 0$	计算结果
tan	double tan(x) double x	计算 tan(x)的值 x 的单位为弧度	计算结果
tanh	double tanh(x) double x	计算 x 的双曲正切函数 tanh(x)的值	计算结果

表 C-2　字符函数

在源文件中使用命令：#include“ctype. h”			
函数名	函数与形参类型	功能	返回值
isalnum	int isalnum(ch) int ch	检查 ch 是否字母或数字	是字母或数字返回 1；否则返回 0
isalpha	int isalpha(ch) int ch	检查 ch 是否字母	是字母返回 1；否则返回 0
iscntrl	int iscntrl(ch) int ch	检查 ch 是否控制字符(其 ASCII 码在 0 和 0xlF 之间)	是控制字符返回 1；否则返回 0
isdigit	int isdigit(ch) int ch	检查 ch 是否数字	是数字返回 1；否则返回 0
isgraph	int isgraph(ch) int ch	检查 ch 是否是可打印字符(其 ASCII 码在 0x21 和 0x7e 之间)，不包括空格	是可打印字符返回 1；否则返回 0
islower	int islower(ch) int ch	检查 ch 是否是小写字母(a～z)	是小字母返回 1；否则返回 0
isprint	int isprint(ch) int ch	检查 ch 是否是可打印字符(其 ASCII 码在 0x21 和 0x7e 之间)，不包括空格	是可打印字符返回 1；否则返回 0
ispunct	int ispunct(ch) int ch	检查 ch 是否是标点字符(不包括空格)即除字母、数字和空格以外的所有可打印字符	是标点返回 1；否则返回 0

续表

在源文件中使用命令：＃include“ctype. h”			
函数名	函数与形参类型	功能	返回值
isspace	int isspace(ch) int ch	检查ch是否空格、跳格符(制表符)或换行符	是，返回1；否则返回0
issupper	int isalsupper(ch) int ch	检查ch是否大写字母(A～Z)	是大写字母返回1；否则返回0
isxdigit	int isxdigit(ch) int ch	检查ch是否一个16进制数字(即0～9、A～F或a～f)	是，返回1；否则返回0
tolower	int tolower(ch) int ch	将ch字符转换为小写字母	返回ch对应的小写字母
toupper	int touupper(ch) int ch	将ch字符转换为大写字母	返回ch对应的大写字母

表C-3　字符串函数

在源文件中使用命令：＃include“string. h”			
函数名	函数与形参类型	功能	返回值
memchr	void memchr(buf,chc,ount) void ＊buf；charch； unsigned int count；	在buf的前count个字符里搜索字符ch首次出现的位置	返回指向buf中ch的第一次出现的位置指针；若没有找到ch，返回NULL
memcmp	int memcmp(buf1,buf2,count) void ＊buf1,＊buf2； unsigned int count；	按字典顺序比较由buf1和buf2指向的数组的前count个字符	buf1＜buf2，为负数 buf1＝buf2，返回0 buf1＞buf2，为正数
memcpy	void ＊memcpy(to,from,count) void ＊to,＊from； unsigned int count；	将from指向的数组中的前count个字符复制到to指向的数组中。from和to指向的数组不允许重叠	返回指向to的指针
memove	void ＊memove(to,from,count) void ＊to,＊from； unsigned int count；	将from指向的数组中的前count个字符复制到to指向的数组中。from和to指向的数组不允许重叠	返回指向to的指针
memset	void ＊memset(buf,ch,count) void ＊buf；char ch； unsigned int count；	将字符ch复制到buf指向的数组前count个字符中	返回buf
strcat	char ＊strcat(str1,str2) char ＊str1,＊str2；	把字符str2接到str1后面，取消原来str1最后面的串结束符'\0'	返回str1
strchr	char ＊strchr(str1,ch) char ＊str； int ch；	找出str指向的字符串中第一次出现字符ch的位置	返回指向该位置的指针，如找不到，则应返回NULL
strcmp	int ＊strcmp(str1,str2) char ＊str1,＊str2；	比较字符串str1和str2	str1＜str2，为负数 str1＝str2，返回0 str1＞str2，为正数

续 表

在源文件中使用命令：#include“string. h”			
函数名	函数与形参类型	功能	返回值
strcpy	char * strcpy(str1,str2) char * str1, * str2;	把 str2 指向的字符串复制到 str1 中去	返回 str1
strlen	unsigned intstrlen(str) char * str;	统计字符串 str 中字符的个数(不包括终止符'\0')	返回字符个数
strncat	char * strncat(str1,str2,count) char * str1, * str2; unsigned int count;	把字符串 str2 指向的字符串中最多 count 个字符连到串 str1 后面,并以 null 结尾	返回 str1
strncmp	int strncmp(str1,str2,count) char * str1, * str2; unsigned int count;	比较字符串 str1 和 str2 中至多前 count 个字符	str1<str2,为负数 str1=str2,返回 0 str1>str2,为正数
strncpy	char * strncpy(str1,str2,count) char * str1, * str2; unsigned int count;	把 str2 指向的字符串中最多前 count 个字符复制到串 str1 中去	返回 str1
strnset	void * setnset(buf,ch,count) char * buf;char ch; unsigned int count;	将字符 ch 复制到 buf 指向的数组前 count 个字符中	返回 buf
strset	void * setnset(buf,ch) void * buf;char ch;	将 buf 所指向的字符串中的全部字符都变为字符 ch	返回 buf
strstr	char * strstr(str1,str2) char * str1, * str2;	寻找 str2 指向的字符串在 str1 指向的字符串中首次出现的位置	返回 str2 指向的字符串首次出向的地址。否则返回 NULL

表 C-4 输入输出函数

在源文件中使用命令：#include“stdio. h”			
函数名	函数与形参类型	功能	返回值
clearerr	void clearer(fp) FILE * fp	清除文件指针错误指示器	无
close	int close(fp) int fp	关闭文件(非 ANSI 标准)	关闭成功返回 0,不成功返回-1
creat	int creat(filename,mode) char * filename; int mode	以 mode 所指定的方式建立文件(非 ANSI 标准)	成功返回正数,否则返回-1
eof	int eof(fp) int fp	判断 fp 所指的文件是否结束	文件结束返回 1,否则返回 0
fclose	int fclose(fp) FILE * fp	关闭 fp 所指的文件,释放文件缓冲区	关闭成功返回 0,不成功返回非 0
feof	int feof(fp) FILE * fp	检查文件是否结束	文件结束返回非 0,否则返回 0

续表

在源文件中使用命令：#include"stdio. h"

函数名	函数与形参类型	功能	返回值
ferror	int ferror(fp) FILE * fp	测试 fp 所指的文件是否有错误	无错返回 0;否则返回非 0
fflush	int fflush(fp) FILE * fp	将 fp 所指的文件的全部控制信息和数据存盘	存盘正确返回 0;否则返回非 0
fgets	char * fgets(buf,n,fp) char * buf; int n; FILE * fp	从 fp 所指的文件读取一个长度为(n－1)的字符串,存入起始地址为 buf 的空间	返回地址 buf;若遇文件结束或出错则返回 EOF
fgetc	int fgetc(fp) FILE * fp	从 fp 所指的文件中取得下一个字符	返回所得到的字符;出错返回 EOF
fopen	FILE * fopen(filename,mode) char * filename, * mode	以 mode 指定的方式打开名为 filename 的文件	成功,则返回一个文件指针;否则返回 0
fprintf	int fprintf(fp,format,args,…) FILE * fp;char * format	把 args 的值以 format 指定的格式输出到 fp 所指的文件中	实际输出的字符数
fputc	int fputc(ch,fp) char ch;FILE * fp	将字符 ch 输出到 fp 所指的文件中	成功则返回该字符;出错返回 EOF
fputs	int fputs(str,fp) char str;FILE * fp	将 str 指定的字符串输出到 fp 所指的文件中	成功则返回 0;出错返回 EOF
fread	int fread(pt,size,n,fp)char * pt; unsigned size,n;FILE * fp	从 fp 所指定文件中读取长度为 size 的 n 个数据项,存到 pt 所指向的内存区	返回所读的数据项个数,若文件结束或出错返回 0
fscanf	int fscanf(fp,format,args,…) FILE * fp;char * format	从 fp 指定的文件中按给定的 format 格式将读入的数据送到 args 所指向的内存变量中(args 是指针)	以输入的数据个数
fseek	int fseek(fp,offset,base) FILE * fp;long offset;int base	将 fp 指定的文件的位置指针移到以 base 所指出的位置为基准、以 offset 为位移量的位置	返回当前位置;否则,返回－1
siell	FILE * fp; long ftell(fp);	返回 fp 所指定的文件中的读写位置	返回文件中的读写位置;否则,返回 0
fwrite	int fwrite(ptr,size,n,fp) char * ptr; unsigned size,n;FILE * fp	把 ptr 所指向的 n * size 个字节输出到 fp 所指向的文件中	写到 fp 文件中的数据项的个数
getc	int getc(fp) FILE * fp;	从 fp 所指向的文件中的读出下一个字符	返回读出的字符;若文件出错或结束返回 EOF
getchar	int getchat()	从标准输入设备中读取下一个字符	返回字符;若文件出错或结束返回－1
gets	char * gets(str) char * str	从标准输入设备中读取字符串存入 str 指向的数组	成功返回 str,否则返回 NULL
open	int open(filename,mode) char * filename; int mode	以 mode 指定的方式打开已存在的名为 filename 的文件(非 ANSI 标准)	返回文件号(正数);如打开失败返回－1

续 表

在源文件中使用命令：#include“stdio. h”			
函数名	函数与形参类型	功能	返回值
printf	int printf(format,args,…)char * format	在 format 指定的字符串的控制下，将输出列表 args 的指输出到标准设备	输出字符的个数；若出错返回负数
prtc	int prtc(ch,fp) int ch;FILE * fp;	把一个字符 ch 输出到 fp 所值的文件中	输出字符 ch；若出错返回 EOF
putchar	int putchar(ch) char ch;	把字符 ch 输出到 fp 标准输出设备	返回换行符；若失败返回 EOF
puts	int puts(str) char * str;	把 str 指向的字符串输出到标准输出设备；将'\0'转换为回车行	返回换行符；若失败返回 EOF
putw	int putw(w,fp) int i;FILE * fp;	将一个整数 i(即一个字)写到 fp 所指的文件中(非 ANSI 标准)	返回读出的字符；若文件出错或结束返回 EOF
read	int read(fd,buf,count) int fd;char * buf; unsigned int count;	从文件号 fp 所指定文件中读 count 个字节到由 buf 指示的缓冲区(非 ANSI 标准)	返回真正读出的字节个数，如文件结束返回 0，出错返回－1
remove	int remove(fname) char * fname;	删除以 fname 为文件名的文件	成功返回 0；出错返回－1
rename	int remove(oname,nname) char * oname, * nname;	把 oname 所指的文件名改为由 nname 所指的文件名	成功返回 0；出错返回－1
rewind	void rewind(fp) FILE * fp;	将 fp 指定的文件指针置于文件头，并清除文件结束标志和错误标志	无
scanf	int scanf(format,args,…) char * format	从标准输入设备按 format 指示的格式字符串规定的格式，输入数据给 args 所指示的单元。args 为指针	读入并赋给 args 数据个数。如文件结束返回 EOF；若出错返回 0
write	int write(fd,buf,count) int fd;char * buf; unsigned count;	从 buf 指示的缓冲区输出 count 个字符到 fd 所指的文件中(非 ANSI 标准)	返回实际写入的字节数，如出错返回－1

表 C-5 动态存储分配函数

在源文件中使用命令：#include“stdlib. h”			
函数名	函数与形参类型	功能	返回值
callloc	void * calloc(n,size) unsigned n; unsigned size;	分配 n 个数据项的内存连续空间，每个数据项的大小为 size	分配内存单元的起始地址。如不成功，返回 0
free	void free(p) void * p;	释放 p 所指内存区	无
malloc	void * malloc(size) unsigned SIZE;	分配 size 字节的内存区	所分配的内存区地址，如内存不够，返回 0
realloc	void * reallod(p,size) void * p; unsigned size;	将 p 所指的以分配的内存区的大小改为 size。size 可以比原来分配的空间大或小	返回指向该内存区的指针。若重新分配失败，返回 NULL

表 C-6　其他函数

"其他函数"是C语言的标准库函数,在源文件中使用命令:#include"stdlib.h"

函数名	函数与形参类型	功能	返回值
abs	int abs(num) int num	计算整数 num 的绝对值	返回计算结果
atof	double atof(str) char * str	将 str 指向的字符串转换为一个 double 型的值	返回双精度计算结果
atoi	int atoi(str) char * str	将 str 指向的字符串转换为一个 int 型的值	返回转换结果
atol	long atol(str) char * str	将 str 指向的字符串转换为一个 long 型的值	返回转换结果
exit	void exit(status) int status;	中止程序运行。将 status 的值返回调用的过程	无
itoa	char * itoa(n,str,radix) int n,radix; char * str	将整数 n 的值按照 radix 进制转换为等价的字符串,并将结果存入 str 指向的字符串中	返回一个指向 str 的指针
labs	long labs(num) long num	计算 c 整数 num 的绝对值	返回计算结果
ltoa	char * ltoa(n,str,radix) long int n;int radix; char * str;	将长整数 n 的值按照 radix 进制转换为等价的字符串,并将结果存入 str 指向的字符串	返回一个指向 str 的指针
rand	int rand()	产生 0 到 RAND_MAX 之间的伪随机数。RAND_MAX 在头文件中定义	返回一个伪随机(整)数
random	int random(num) int num;	产生 0 到 num 之间的随机数	返回一个随机(整)数
rand_omize	void randomize()	初始化随机函数,使用是包括头文件 time.h	
strtod	double strtod(start,end) char * start; char * * end	将 start 指向的数字字符串转换成 double,直到出现不能转换为浮点的字符为止,剩余的字符串赋给指针 end * HUGE_VAL 是 turbo C 在头文件 math.H 中定义的数学函数溢出标志值	返回转换结果。若为转换则返回 0。 若转换出错返回 HUGE_VAL 表示上溢,或返回 -HUGE_VAL 表示下溢
strtol	Long int strtol(start,end,radix) char * start; char * * end; int radix;	将 start 指向的数字字符串转换成 long,直到出现不能转换为长整型数的字符为止,剩余的字符串赋给指针 end 转换时,数字的进制由 radix 确定 * LONG_MAX 是 turbo C 在头文件 limits.h 中定义的 long 型可表示的最大值	返回转换结果。若为转换则返回 0 若转换出错返回 LONG_MAX 表示上溢,或返回 -LONG_MAX 表示下溢
system	int system(str) char * str;	将 str 指向的字符串作为命令传递给 DOS 的命令处理器	返回所执行命令的退出状态

参考文献

[1] 谭浩强. C程序设计. 4版. 北京:清华大学出版社,2010.

[2] 杨文君,杨柳. C语言程序设计教程. 3版. 北京:清华大学出版社,2010.

[3] Stephen Prata. C Primer Plus. 5版. 北京:人民邮电出版社,2005.

[4] Horton I. C语言入门经典. 杨浩,译. 5版. 北京:清华大学出版社,2013.

[5] 董卫军,邢为民,索琦. C语言程序设计. 北京:电子工业出版社,2011.

[6] 塞奇威克. 算法:C语言实现. 霍红卫,译. 北京:机械工业出版社,2009.

[7] 明日科技. C语言经典编程282例. 北京:清华大学出版社,2012.

[8] 崔武子,赵重敏,李青. C程序设计教程. 2版. 北京:清华大学出版社,2007.

[9] 裘宗燕. 从问题到程序——程序设计与C语言引论. 北京:机械工业出版社,2011.

[10] Herbert Shchildt. C语言大全. 王子恢,译. 4版. 北京:电子工业出版社,2003.

[11] LinDen P V D. C专家编程. 徐波,译. 北京:人民邮电出版社,2008.

[12] Kenneth Reek. C和指针 POINTERS ON C. 徐波,译. 北京:人民邮电出版社,2008.